中等职业教育课程创新精品系列教材

低压电气技术与应用

主　编　许　军　杨鹏飞　王向前
副主编　宫苏梅　宋　娜　白英俊　许　敏　宋西宁
参　编　侯晓光　郭　月　杨云彬　赵　允
主　审　杨建银

北京理工大学出版社
BEIJING INSTITUTE OF TECHNOLOGY PRESS

内 容 简 介

本书以中等职业教育国家教学标准体系为依据，参考国家职业技能鉴定电工（四级）考核标准和行业职业技能鉴定标准，遵循教材建设规律和职业教育教学规律、技术技能人才认知规律和技能养成规律，紧扣产业升级和数字化改造，满足新形势下基础研究和原始创新不断加强、战略性新兴产业发展壮大带来的技术技能人才需求变化。本书以真实生产项目、典型工作任务、案例等为载体，形成以项目化为主体的教学单元，以任务工作页为主要内容，引导学生课前自主学习，用新知识、新理念、新思路、新办法指导实践。本书共5个项目，15个任务，主要包括三相异步电动机连续运转控制、正反转控制、降压启动控制、调速与制动控制电路的安装与调试，以及常用生产机械设备电气控制线路的分析与故障检修。

本书可作为中等职业学校机电技术应用、数控技术应用、电气设备运行与控制等相关专业教材，也可作为相关行业部门技术工人岗位培训教材及自学用书。

版权专有　侵权必究

图书在版编目(CIP)数据

低压电气技术与应用／许军，杨鹏飞，王向前主编. -- 北京：北京理工大学出版社，2023.4
ISBN 978-7-5763-2347-4

Ⅰ.①低… Ⅱ.①许… ②杨… ③王… Ⅲ.①低压电器-电气控制-中等专业学校-教材 Ⅳ.①TM52

中国国家版本馆 CIP 数据核字(2023)第 079010 号

出版发行／北京理工大学出版社有限责任公司
社　　址／北京市海淀区中关村南大街5号
邮　　编／100081
电　　话／(010)68914775(总编室)
　　　　　(010)82562903(教材售后服务热线)
　　　　　(010)68944723(其他图书服务热线)
网　　址／http://www.bitpress.com.cn
经　　销／全国各地新华书店
印　　刷／定州启航印刷有限公司
开　　本／889毫米×1194毫米　1/16
印　　张／11.5　　　　　　　　　　　　　　责任编辑／多海鹏
字　　数／230千字　　　　　　　　　　　　　文案编辑／闫小惠
版　　次／2023年4月第1版　2023年4月第1次印刷　责任校对／周瑞红
定　　价／34.00元　　　　　　　　　　　　　责任印制／边心超

图书出现印装质量问题,请拨打售后服务热线,本社负责调换

前言

本教材以全面深入贯彻党的二十大精神为引领,以深入实施科教兴国战略、人才强国战略、创新驱动发展战略为宗旨,全面落实全国职业教育大会和全国教材工作会议精神。本教材依据中等职业教育国家教学标准体系,参考国家职业技能鉴定电工(四级)考核标准和行业职业技能鉴定标准,在实行主编负责制的前提下,由行业专家、高职学校专家教授和中青年骨干教师共同开发编写。

一、指导思想

在全面深入贯彻党的二十大精神的同时,坚持以人民为中心的教育发展理念,以国家战略需求为导向,以坚持为党育人、为国育才为使命,以落实立德树人为根本任务。全面贯彻党的教育方针,坚持以学生为中心,体现"做中学,做中教",以能力为本位,以就业为导向,以符合职业院校学生的认知规律和技能养成规律为教学特色。重新审视和梳理教学计划和课程标准,对教学内容进行系统性重塑和整体性重构,使之形成更大范围、更宽领域、更深层次的知识格局。在重塑和重构专业内容的同时,全面落实课程思政要求,强化学生职业素养养成和专业技术积累,将劳动精神、职业精神、工匠精神和科学家精神融入人才培养全过程,并且积极弘扬劳动光荣、技能宝贵、创造伟大的时代风尚。

二、教材特色

本教材编写遵循教材建设规律和职业教育教学规律、技术技能人才认知规律和技能养成规律,紧扣产业升级和数字化改造,满足新形势下基础研究和原始创新不断加强、战略性新兴产业发展壮大带来的技术技能人才需求变化。

1. 坚持立德树人,突出职业引导

本教材的设计思路是"以学生为中心,以学习成果为导向,促进自主创新";同时,将"立德树人、课程思政、新时代中国特色社会主义思想、党的创新理论"等思政元素有机融入教材中,既具有立德树人的教育功能,又突出其职业引导功能,满足学生的职业发展需求。

2. 坚持问题导向,培养创新意识

本教材紧跟时代步伐,顺应实践发展,着眼于解决新时代改革开放和社会主义现代化建设背景下企业科技前沿的实际问题,将"理论与实践""知识与技能"有机融于一体,以培养学生动手能力为主,突出安装与调试、故障判断和排除以及工艺标准等内容,使学生具备较强解决实际问题的能力。本教材不仅培养学生的创新意识，而且增强其问题意识，可帮助其寻求解决问题的新理念、新思路、新办法。

3. 坚持产学研融合，培养职业素养

本教材以培养造就德才兼备的高素质人才为宗旨，严格依据国家标准编写，加强企业主导的产学研深度融合，强化目标导向，突出企业的引领支撑作用，实现企业人才需求与学校培养目标的深度融合。同时，有机融入行业标准与企业标准，培养学生的职业意识与职业素养。

4. 坚持学思用贯通，践行知行合一

本教材以真实生产项目、典型工作任务、案例等为载体，形成以项目化为主体的教学单元，以任务工作页为主要内容，引导学生课前自主学习，用新知识、新理念、新思路、新办法指导实践。同时，让学生在思考中、实践中学习知识、提升技能，加强实践锻炼、专业训练，充分体现学生的主体地位，激发学生的兴趣，培养学生的学习能力，达到知行合一的目的。

5. 坚持创造性转化，"岗课赛证"融通

本教材有机融入岗位技能要求、职业技能竞赛、职业技能等级证书标准，将证书知识和技能实践进行系统性重塑和整体性重构，将知识、技能转化为学生的素养、能力，提高学生的辩证思维、系统思维、创新思维意识，着力推进课程改革，推动教育体系高质量发展，促进人才培养方案与"岗课赛证"互嵌共生、互动共长，深化"岗课赛证"融通，实现综合育人。

三、学时建议

本教材共分为5个项目，15个任务。主要内容包括：三相异步电动机连续运转控制电路的安装与调试、三相异步电动机正反转控制电路的安装与调试、三相异步电动机降压启动控制电路的安装与调试、三相异步电动机调速与制动控制电路的安装与调试、常用生产机械设备电气控制线路的分析与故障检修。

本教材既可作为中等职业学校机电技术应用及相关专业的教学用书，也可作为相关行业岗位培训的参考用书。建议总学时为120学时，其中理论部分34学时，实训部分（含考核）86学时，各部分内容的学时分配建议如下表所示。

教学内容		学时建议	
		理论	实训
项目1 三相异步电动机连续运转控制电路的安装与调试	任务1 认识基本的低压电器	6	6
	任务2 点动控制电路的安装与调试	2	4
	任务3 连续运转控制电路的安装与调试	2	4
	任务4 两台电动机的顺序启动/逆序停止控制电路的安装与调试	2	6

续表

教学内容		学时建议	
		理论	实训
项目2 三相异步电动机正反转控制电路的安装与调试	任务1 交流接触器联锁正反转控制电路的安装与调试	2	6
	任务2 按钮、交流接触器双重联锁正反转控制电路的安装与调试	2	6
	任务3 自动往返正反转控制电路的安装与调试	2	6
项目3 三相异步电动机降压启动控制电路的安装与调试	任务1 自耦变压器降压启动控制电路的安装与调试	2	6
	任务2 Y-△降压启动控制电路的安装与调试	2	6
项目4 三相异步电动机调速与制动控制电路的安装与调试	任务1 电磁抱闸制动控制电路的安装与调试	2	6
	任务2 反接制动控制电路的安装与调试	2	6
	任务3 电动机能耗制动控制电路的安装与调试	2	6
	任务4 双速电动机控制电路的安装与调试	2	6
项目5 常用生产机械设备电气控制线路的分析与故障检修	任务1 CA6140型车床电气控制线路的分析与故障检修	2	6
	任务2 M7130型平面磨床电气控制线路的分析与故障检修	2	6
合计		120	

本教材由临沂市理工学校许军、江苏省连云港工贸高等职业技术学校杨鹏飞、潍坊市高密中等专业学校王向前担任主编；临沂市理工学校宫苏梅、宋娜、许敏，临朐县职业教育中心学校白英俊，潍坊职业学院宋西宁担任副主编；山东星科智能科技股份有限公司侯晓光、山东工业技师学院郭月、临沂市理工学校杨云彬、无棣县职业中专赵允参与编写。临沂职业学院杨建银对全书进行了审阅，并指出了许多宝贵意见与建议。

本教材在编写过程中参考了大量的文献资料，在此向提供这些资料的作者表示衷心的感谢！

由于编者水平有限，书中难免存在疏漏和不妥之处，恳请广大师生给予批评指正。

目录

项目1　三相异步电动机连续运转控制电路的安装与调试 ·················· 1

    任务1　认识基本的低压电器 ·· 2

    任务2　点动控制电路的安装与调试 ·· 6

    任务3　连续运转控制电路的安装与调试 ·· 7

    任务4　两台电动机的顺序启动/逆序停止控制电路的安装与调试 ············ 10

项目2　三相异步电动机正反转控制电路的安装与调试 ······················ 13

    任务1　交流接触器联锁正反转控制电路的安装与调试 ························ 14

    任务2　按钮、交流接触器双重联锁正反转控制电路的安装与调试 ·········· 17

    任务3　自动往返正反转控制电路的安装与调试 ································· 20

项目3　三相异步电动机降压启动控制电路的安装与调试 ···················· 24

    任务1　自耦变压器降压启动控制电路的安装与调试 ··························· 25

    任务2　Y-△降压启动控制电路的安装与调试 ··································· 28

项目4　三相异步电动机调速与制动控制电路的安装与调试 ·················· 33

    任务1　电磁抱闸制动控制电路的安装与调试 ···································· 34

    任务2　反接制动控制电路的安装与调试 ·· 36

任务 3　电动机能耗制动控制电路的安装与调试 ·············· 39

任务 4　双速电动机控制电路的安装与调试 ················· 41

项目 5　常用生产机械设备电气控制线路的分析与故障检修 ··············· 45

任务 1　CA6140 型车床电气控制线路的分析与故障检修 ·············· 46

任务 2　M7130 型平面磨床电气控制线路的分析与故障检修 ·············· 50

参考文献 ················· 56

项目 1

三相异步电动机连续运转控制电路的安装与调试

```
三相异步电动机连续运转  ── 任务1  认识基本的低压电器
控制电路的安装与调试    ── 任务2  点动控制电路的安装与调试
                        ── 任务3  连续运转控制电路的安装与调试
                        ── 任务4  两台电动机的顺序启动/逆序停止控制电路的安装与调试
```

项目引入

在实际机械生产中,根据工艺要求,需要机床的运动部件实现连续运转、运动部件之间顺序启动等控制方式。例如,利用车床加工工件时,机床主轴在工作过程中要求连续运转,而刀具的位置调试或者快进控制则要求使用电动机的点动控制。

学习目标

【素养目标】

(1) 培养学生严谨科学的思维方法和团结求实的工作作风。

(2) 培养学生安全文明、规范操作、环保节能的工作意识。

(3) 培养学生爱护器件和工具的良好行为习惯,以及理论联系实际、自主学习和探究创新的良好学习习惯。

(4) 培养学生树立正确的世界观和人生观,具有良好的道德修养和身心素质,具有一定的团队协作能力。

【知识目标】

(1) 认识基本的低压电器。

(2) 掌握电器的图形、文字、符号。

(3) 掌握低压电器控制线路的工作原理并能描述工作过程。

【技能目标】

(1) 能根据实际需要选择低压电器器件，会检测其质量。

(2) 能读懂电气原理图和安装图，能按规范和工艺要求安装电路，并能排除电路常见故障。

(3) 能正确选用常用电工工具和电工仪器仪表。

(4) 能执行安全操作规程。

任务1　认识基本的低压电器

一、任务描述

电动机是机械设备中的动力来源，其控制电路是机械设备发挥性能的重要保障。控制电路由低压电器根据性能组合而成。本任务的学习目标主要是认识最基本的低压电器，掌握其图形、文字、符号的书写与绘制。

二、知识链接

电器是一种能根据外界的信号和要求，手动或自动地接通或断开电路，实现对电路或非电对象的切换、控制、保护、检测、调节的元件或设备。低压电器是指工作在交流额定电压1 200 V及以下，直流额定电压1 500 V及以下的电器，如按钮、交流接触器等。

(一) 组合开关

组合开关又称为转换开关，用来供手动不频繁地接通和断开电路、换接电源和负载以及控制5 kW以下小容量异步电动机的启动、停止和正反转。常用的组合开关有 HZ_1、HZ_2、HZ_3、HZ_4、HZ_{10} 等系列产品。组合开关的实物图及文字和图形符号如图1-1-1所示。

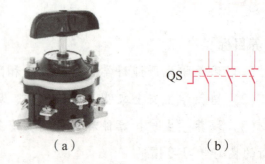

图1-1-1　组合开关的实物图及文字和图形符号

(a) 实物图；(b) 文字和图形符号

（二）低压断路器

低压断路器，简称断路器，又称为自动空气断路器、自动空气开关或空气开关，是一种可以自动切断带负荷故障线路的保护电器。当线路发生短路、过载等异常现象时，断路器能自动切断电路，保护电源和用电设备的安全。在低压供电线路中用于电源开关，可以直接分断和接通负荷电路。

常用断路器根据其结构和功能不同，分为小型家用断路器、塑壳式断路器、万能式断路器和漏电保护断路器4类。常用断路器主要由3个基本部分组成：触点和灭弧系统、各种脱扣器、操作机构。断路器的实物图及文字和图形符号如图1-1-2所示。

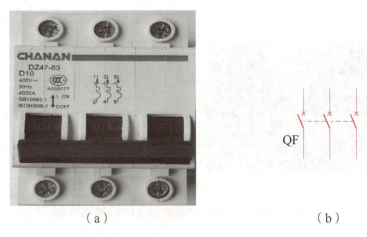

图1-1-2　断路器的实物图及文字和图形符号

（a）实物图；（b）文字和图形符号

（三）熔断器

熔断器主要是用于电源与设备短路保护的电器，使用时串联在被保护的电路中。当电路发生短路故障时，熔断器的电流达到或超过某一规定值，自身产生的热量使熔体熔断，从而自动分断电路，起到保护作用。

熔断器主要由熔体、熔座组成。熔体是熔断器的核心，主要由低熔点材料（如铅锡合金、锌等）制作。熔座主要用来安装及支撑熔体。常用的熔断器有瓷插式熔断器、螺旋式熔断器等。熔断器的实物图及文字和图形符号如图1-1-3所示。

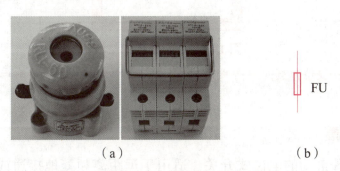

图1-1-3　熔断器的实物图及文字和图形符号

（a）实物图；（b）文字和图形符号

(四) 按钮

主令电器主要用来接通和切断控制电路,发布指令或信号,达到对电力拖动系统的控制或实现程序控制。它只能用于通断控制电路,不能用于通断主电路。

按钮是一种主令电器,在电气控制电路中手动发出控制信号,通过控制电路让交流接触器或继电器动作,实现控制的目的。按钮的触点允许通过的电流较小,一般不超过 5 A。按钮一般由按钮帽、复位弹簧、动触点、静触点及外壳等部分组成。根据按钮静态(不受外力作用)时触点的分合状态,可分为常开按钮(启动按钮)、常闭按钮(停止按钮)和复合按钮。

按钮文字符号为 SB,其实物图及文字和图形符号如图 1-1-4 所示,内部结构如图 1-1-5 所示。

图 1-1-4　按钮的实物图及文字和图形符号

(a) 实物图;(b) 文字和图形符号

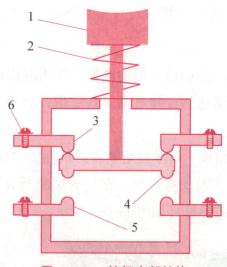

图 1-1-5　按钮内部结构

1—按钮帽;2—复位弹簧;3—常闭静触点;4—动触点;5—常开静触点;6—接线端子

(五) 交流接触器

交流接触器是一种自动的电磁式开关,适用于远距离频繁地接通或断开交流主电路及大容量控制电路。交流接触器主要由电磁系统、触点系统和灭弧装置构成。当交流接触器的线圈通电后,线圈中流过的电流产生磁场,使铁芯产生足够大的吸力,克服弹簧的反作用力,将衔铁吸合，通过传动机构带动主触点和常开辅助触点闭合，常闭辅助触点断开。当交流接触器线圈断电或电压显著下降时，由于电磁吸力消失或过小，衔铁在反作用弹簧力的作用下复位，带动各触点恢复到原始状态，因此交流接触器具有欠压保护和失压保护功能。

常用的交流接触器有 CJ10 系列、CJ20 系列。线圈工作电压主要有 380 V、220 V，使用时注意工作电压。

交流接触器实物图如图 1-1-6 所示，其文字符号为 KM，内部结构及文字和图形符号如图 1-1-7 所示。

图 1-1-6　交流接触器实物图

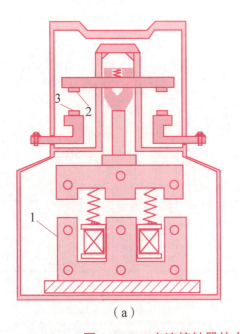
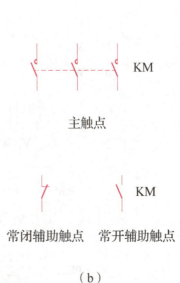

（a）　　　　　　　　　　　　　　（b）

图 1-1-7　交流接触器的内部结构及文字和图形符号

（a）内部结构；（b）文字和图形符号

1—电磁铁；2—动触点；3—静触点

任务 2 点动控制电路的安装与调试

一、任务描述

在安装机电设备后,为防止发生意外,常采用点动控制电路对其进行调试。点动控制电路是用按钮和交流接触器来控制电动机运转的最简单的单向运转控制线路。电动机的运行时间由按下按钮的时间决定,只要按下按钮电动机就通电转动,松开按钮电动机断电停止动作。本任务的学习目标主要是完成点动控制电路的设计、安装、调试、故障排除,实现生产机械中的试车或调整工作。

二、知识链接

(一)电路组成

电动机点动控制线路电气原理图如图 1-2-1 所示。

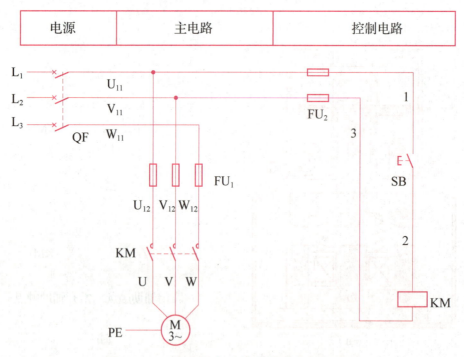

图 1-2-1 电动机点动控制线路电气原理图

(1) 断路器 QF。电源开关,可以接通与分断电源,还可以实现短路保护。
(2) 熔断器 FU。FU_1、FU_2 分别实现主电路与控制电路的短路保护。
(3) 交流接触器 KM。KM 的主触点闭合实现电动机转动。

（4）按钮 SB。SB 实现电动机的启动与停止控制。

（5）线号。当电路比较复杂时，加上标注更方便阅读与安装，如主电路中的"U11、V11、W11"，控制电路中的"1"~"3"。在以后的电路中同样标注，不再说明。

(二) 电路的工作过程

（1）合上电源开关 QF。电源通过断路器提供三相交流电，由于交流接触器触点断开，电动机不通电。

（2）运转。电动机运转过程如图 1-2-2 所示。

图 1-2-2　电动机运转过程

按下按钮 SB，按钮常开触点闭合，U、V 相交流电通过熔断器 FU_2、交流接触器 KM 线圈构成通路。由于 KM 线圈通电，主触点闭合，三相电动机通电运转。当松开按钮 SB，按钮常开触点断开，交流接触器 KM 线圈断电，主触点复位断开，三相电动机断电停止运转。

任务 3　连续运转控制电路的安装与调试

一、任务描述

在调试设备时使用点动控制电路比较安全方便，但在生产中不可能一直按住按钮。本任务是在点动控制线路的基础上加以升级，只需按下按钮发出控制指令即可实现连续运转。本任务的学习目标主要是完成连续运转控制电路的设计、安装、调试、故障排除。

二、知识链接

（一）电路组成

电动机单向连续运转控制线路电气原理图如图 1-3-1 所示。

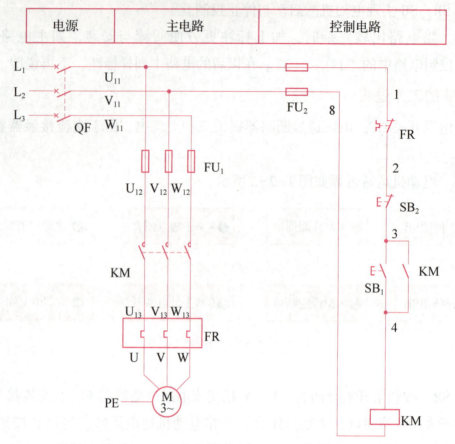

图 1-3-1 电动机单向连续运转控制线路电气原理图

（1）断路器 QF。断路器用于电源的接通与断开。

（2）熔断器 FU。FU_1、FU_2 分别实现主电路与控制电路的短路保护。

（3）按钮 SB。按钮实现电动机的启动与停止控制。SB_1 为启动按钮，当按下按钮时，常开触点闭合，交流接触器线圈通电。SB_2 为停止按钮，当按下按钮时，常闭触点断开，交流接触器线圈断电。

（4）交流接触器 KM。当线圈通电时，触点动作，主触点闭合电动机转动。由于辅助触点与按钮常开触点并联，当松开按钮，常开触点断开时，闭合的辅助触点维持线圈供电，此时启动按钮仅仅发出启动信号即可实现电动机的连续运转。

（5）热继电器 FR。热继电器串联在电动机回路中，用于电动机的过载保护、断相保护、电流不平衡运行的保护及其他电气设备发热状态的控制。它主要由热元件及触点组成，当工作电流过大时，热元件产生的热量增加，内部的双金属片动作，从而切断电路起到保护作用。热继电器的实物图及文字和图形符号如图 1-3-2 所示。

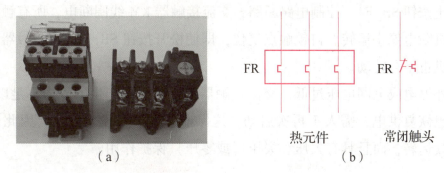

图 1-3-2 热继电器的实物图及文字和图形符号

（a）实物图；（b）文字和图形符号

（二）电路的工作过程

（1）合上电源开关 QF。

（2）启动。启动过程如图 1-3-3 所示。

图 1-3-3 启动过程

当按下启动按钮 SB_1 时，控制电路中电流从热继电器常闭触点、停止按钮 SB_2 常闭触点、启动按钮 SB_1 触点到交流接触器 KM 线圈构成通路。线圈通电后所有触点动作，主触点闭合，电动机通电运转。与 SB_1 常闭触点并联的辅助触点闭合短接，因此当松开 SB_1 时，其常开触点断开后，控制电路仍保持接通，交流接触器 KM 继续通电，电动机实现连续运转。当松开启动按钮 SB_1 后，KM 通过自身常开辅助触点而使线圈保持通电的作用称为自锁，将与启动按钮 SB_1 并联起自锁作用的常开辅助触点称为自锁触点。

（3）停止。停止过程如图 1-3-4 所示。

图 1-3-4 停止过程

当按下停止按钮 SB_2 时，控制电路断路，交流接触器 KM 线圈断电，所有触点复位，主触点断开，电动机断电停止运转。自锁触点复位，即使松开按钮 SB_2，交流接触器 KM 线圈也不能通电，电动机也不会转动。

当电路意外停电或电网电压过低，交流接触器 KM 的线圈产生的磁力不足以吸引衔铁时，触点复位。要想恢复供电，需人工再次启动，这保证了人员及设备安全。因此，该电路不但能使电动机连续运转，而且具有欠压和失压（或零压）保护作用。

任务 4　两台电动机的顺序启动/逆序停止控制电路的安装与调试

一、任务描述

在实际生产中，有些设备常需要电动机按一定的顺序启动。例如，车床主轴转动前，润滑系统要先工作，否则主轴不能启动。在主轴停止后，润滑系统才能停止工作，即要求油泵电动机先启动，主轴电动机后启动，在主轴电动机停止后，才允许油泵电动机停止。控制设备完成这种顺序启动电动机动作的电路，称为顺序控制或条件控制电路。在生产实践中，根据生产工艺的要求，经常需要各种运动部件之间或生产机械之间能够按顺序工作。

二、知识链接

（一）电路组成

两台电动机的顺序启动/逆序停止控制线路电气原理图如图 1-4-1 所示。
（1）断路器 QF。断路器用于电源的接通与分断。
（2）熔断器 FU。FU_1、FU_2 分别实现主电路与控制电路的短路保护。
（3）交流接触器 KM。KM_1、KM_2 的主触点分别控制两台电动机的运转，辅助触点实现自锁。
（4）热继电器 FR。两个热继电器分别实现两台电动机的过载保护。
（5）按钮 SB。按钮实现电动机的启动与停止控制。其中，SB_1 用于控制电动机 1 的启动，SB_2 用于控制电动机 2 的启动，SB_4 用于控制电动机 1 的停止，SB_3 用于控制电动机 2 的停止。

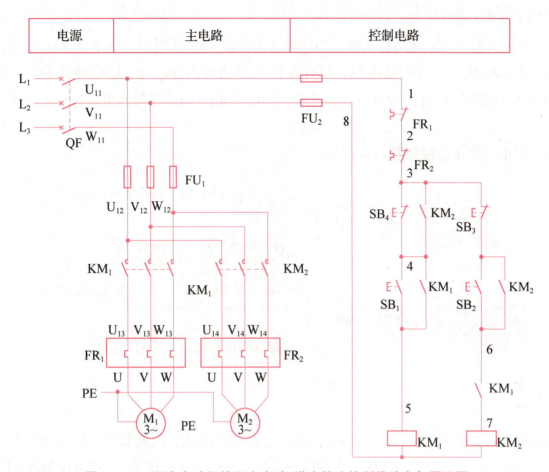

图 1-4-1　两台电动机的顺序启动/逆序停止控制线路电气原理图

（二）电路的工作过程

（1）合上电源开关 QF。

（2）启动。启动过程如图 1-4-2 所示。

图 1-4-2　启动过程

当按下启动按钮 SB_1 后，控制电路中电流从两个热继电器常闭触点、停止按钮 SB_4 常闭触点、启动按钮 SB_1 触点到交流接触器 KM_1 线圈构成通路。KM_1 线圈通电后所有触点动作，主触点闭合，电动机 1 通电运转。辅助触点自锁实现电动机 1 连续运转。在 KM_2 线圈回路中的 KM_1 辅助触点闭合，当按下启动按钮 SB_2 后，控制电路中电流从两个热继电器常闭触点、停止按钮 SB_3 常闭触点、启动按钮 SB_2 触点、KM_1 常开辅助触点（已闭合）到交流接触器 KM_2 线圈构成通路。KM_2 线圈通电后所有触点动作，主触点闭合，电动机 2 通电运转。辅助触点自锁实现电动机 2 连续运转。

不按下启动按钮 SB_1 而是直接按下 SB_2 时,由于在 KM_2 线圈回路中串联 KM_1 的常开辅助触点,所以 KM_2 线圈无法接通电源。只有先按下启动按钮 SB_1 时,KM_1 线圈通电,串联在 KM_2 线圈回路中的 KM_1 辅助触点闭合,再按下 SB_2 才能让 KM_2 线圈通电,保证了电动机的顺序启动。

(3) 停止。停止过程如图 1-4-3 所示。

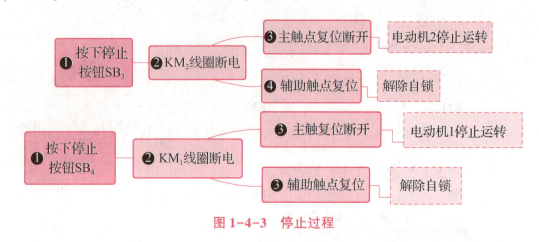

图 1-4-3　停止过程

当按下停止按钮 SB_3 时,交流接触器 KM_2 控制电路断路,线圈断电,所有触点复位,主触点断开,电动机 2 断电停止运转。自锁触点复位,即使松开按钮 SB_3,交流接触器 KM_2 线圈也不能通电,电动机 2 也不会转动。顺序按下停止按钮 SB_4 时,交流接触器 KM_1 控制电路断路,线圈断电,所有触点复位,主触点断开,电动机 1 断电停止运转。

不按下停止按钮 SB_3 而是直接按下 SB_4 时,由于 KM_2 线圈通电,与 SB_4 并联的常开辅助触点闭合,不能切断 KM_1 的控制回路,无法实现电动机 1 的停止。只有先切断 KM_2 回路,其辅助触点复位后按下 SB_4 才能实现电动机 1 的停止,从而保证了逆序停止。

项目 2

三相异步电动机正反转控制电路的安装与调试

```
                       ┌─ 任务1  交流接触器联锁正反转控制电路的安装与调试
三相异步电动机正反转控制 ─┼─ 任务2  按钮、交流接触器双重联锁正反转控制电路的安装与调试
电路的安装与调试         └─ 任务3  自动往返正反转控制电路的安装与调试
```

项目引入

在生活与生产中,有许多机械设备要求运动部件能向正反两个方向运动,如道闸抬杆与落杆、钻床摇臂升降等。这些部件的两个运动方向可以通过改变电动机的转向来实现,也可以通过机械传动来实现,而在实际应用中往往是通过改变三相异步电动机的供电相序来实现。

具体来说,在实际应用中是由两个交流接触器分别控制来实现相序改变,因此三相异步电动机正反转控制电路是由两个连续运转控制电路优化组合而成。

学习目标

【素养目标】

(1) 培养学生严谨科学的思维方法和团结求实的工作作风。

(2) 培养学生安全文明、规范操作、环保节能的工作意识。

(3) 培养学生爱护器件和工具的良好行为习惯,以及理论联系实际、自主学习和探究创新的良好学习习惯。

(4) 培养学生树立正确的世界观和人生观，具有良好的道德修养和身心素质，具有一定的团队协作能力。

【知识目标】

(1) 理解电动机正反转控制电路的工作原理。

(2) 掌握低压电器控制线路的安装工艺及规范。

(3) 掌握电动机控制线路的检测方法。

【技能目标】

(1) 能根据实际需要选择低压电器器件，会检测其质量。

(2) 能读懂电气原理图和安装图，能按规范和工艺要求安装电路，并能排除电路的常见故障。

(3) 能正确选用常用电工工具和电工仪器仪表。

(4) 能执行安全操作规程。

任务 1　交流接触器联锁正反转控制电路的安装与调试

一、任务描述

在机电设备中，根据生产工艺的要求，需要反复操作，多数通过电动机的正反转来实现。本任务是在连续运转电路的基础上加以升级，实现电动机的正反转控制，主要完成电路的设计、安装、调试、故障排除。

二、知识链接

（一）电路组成

交流接触器联锁正反转控制电路原理图如图 2-1-1 所示。

(1) 断路器 QF。电源开关，能起到短路保护作用。

(2) 熔断器 FU。FU_1、FU_2 分别实现主电路与控制电路的短路保护。

(3) 交流接触器 KM。KM_1 的主触点闭合实现电动机的正转，KM_2 的主触点闭合改变了电源相序，实现电动机的反转。辅助触点完成自锁与互锁，同时实现电路的欠压保护。

(4) 热继电器 FR。热继电器实现电动机的过载保护。

(5) 按钮 SB。按钮实现电动机的启动与停止控制，其中 SB_1、SB_2 分别为正转与反转启动按钮，SB_3 为停止按钮。

项目2　三相异步电动机正反转控制电路的安装与调试

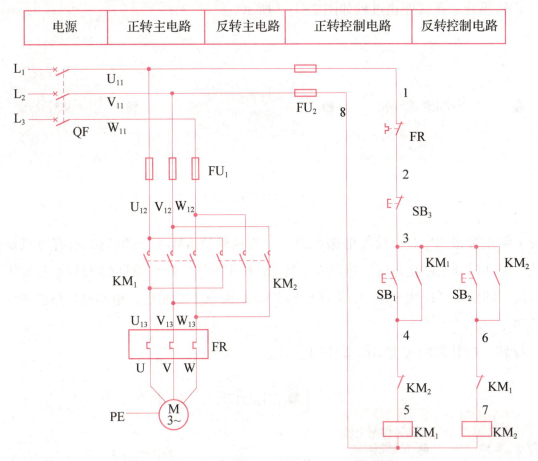

图 2-1-1　交流接触器联锁正反转控制电路原理图

（二）电路的工作过程

（1）合上断路器 QF，电路通电，开始准备生产。

（2）正转。正转启动过程如图 2-1-2 所示。

图 2-1-2　正转启动过程

当按下正转启动按钮 SB_1 后，控制电路中电流从热继电器常闭触点、停止按钮 SB_3 常闭触点、启动按钮 SB_1 触点到交流接触器 KM_2 常闭触点、KM_1 线圈构成通路。KM_1 线圈通电后所有触点动作，主触点闭合，电动机通电运转。辅助触点自锁实现电动机连续运转。在 KM_2 线圈回路中的 KM_1 常闭辅助触点断开。在正转的过程中，即使错误按下反转按钮 SB_2，KM_2 线圈也不会通电。

（3）正转停止。正转停止过程如图2-1-3所示。

图2-1-3 正转停止过程

当按下停止按钮SB_3时，控制电路断路，交流接触器KM_1线圈断电，所有触点复位，主触点断开，电动机断电停止运转。串联在KM_2线圈回路中的KM_1常闭辅助触点复位闭合。自锁触点复位，即使松开按钮SB_3，交流接触器KM_1线圈也不能通电，电动机也不会转动，等待下一个启动命令。

（4）反转。反转启动过程如图2-1-4所示。

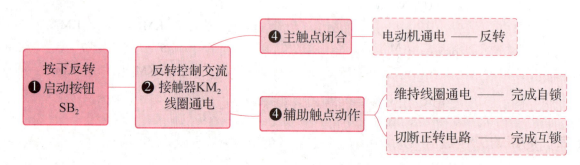

图2-1-4 反转启动过程

按下反转启动按钮SB_2后，控制电路中电流从热继电器常闭触点、停止按钮SB_3常闭触点、启动按钮SB_2触点到交流接触器KM_1常闭触点、KM_2线圈构成通路。KM_2线圈通电后所有触点动作，主触点闭合，电动机通电运转。辅助触点自锁实现电动机连续运转。在KM_1线圈回路中的KM_2常闭辅助触点断开。在反转的过程中，即使错误按下正转按钮SB_1，KM_1线圈也不会通电。这种将常闭触点串联在对方的线圈回路中，避免同时工作的作用称为互锁。互锁既可以有效避免同时通电造成电源短路故障，也可以用于不能同时工作的生产工艺。

（5）反转停止。反转停止过程如图2-1-5所示。

图2-1-5 反转停止过程

当按下停止按钮 SB_3 时，控制电路断路，交流接触器 KM_2 线圈断电，所有触点复位，主触点断开，电动机断电停止运转。串联在 KM_1 线圈回路中的 KM_2 常闭辅助触点复位。自锁触点复位，即使松开按钮 SB_3，交流接触器 KM_2 线圈也不能通电，电动机也不会转动，等待下一个正转或反转指令。

由以上分析可以得出，电动机无论是正转还是反转，只要是需要停止，就按下停止按钮 SB_3，交流接触器所有触点复位，互锁的常闭触点复位闭合。需要正转或反转时，只要按下正转启动按钮 SB_1 或反转启动按钮 SB_2，就可以正转或反转启动。

任务 2　按钮、交流接触器双重联锁正反转控制电路的安装与调试

一、任务描述

在正反转控制电路中，要实现反方向运转，需要停止才能再切换，操作比较烦琐。本任务是在交流接触器联锁正反转控制电路的基础上加以升级，实现电动机按钮、交流接触器的双重联锁，主要完成电路的设计、安装、调试、故障排除。

二、知识链接

（一）电路组成

按钮、交流接触器双重联锁正反转控制电路原理图如图 2-2-1 所示。

（1）断路器 QF。电源开关，能起到短路保护作用。

（2）熔断器 FU。FU_1、FU_2 分别实现主电路与控制电路的短路保护。

（3）交流接触器 KM。KM_1 的主触点闭合实现电动机的正转，KM_2 的主触点闭合改变了电源相序，实现电动机的反转。辅助触点完成自锁与互锁，同时实现电路的欠压保护。

（4）热继电器 FR。热继电器实现电动机的过载保护。

（5）按钮 SB。按钮实现电动机的启动与停止控制，其中 SB_1、SB_2 分别为正转与反转启动按钮，SB_3 为停止按钮。

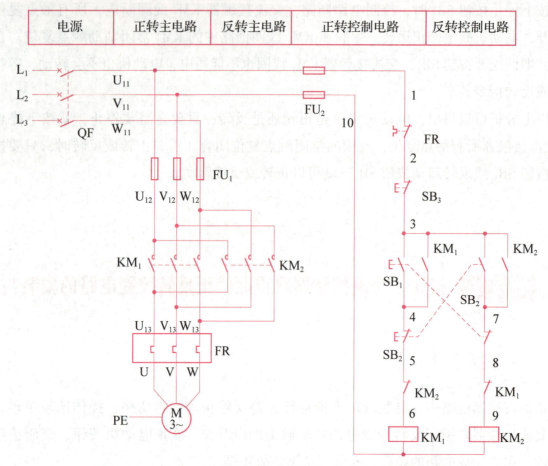

图 2-2-1　按钮、交流接触器双重联锁正反转控制电路原理图

（二）电路的工作过程

（1）合上断路器 QF。电路通电，开始准备生产。

（2）正转。正转启动过程如图 2-2-2 所示。

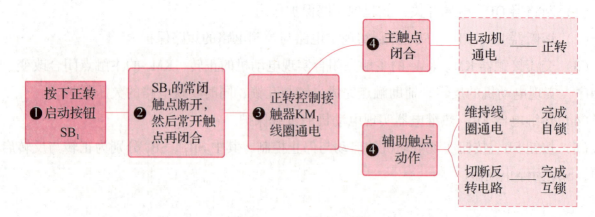

图 2-2-2　正转启动过程

当按下正转启动按钮 SB_1 后，串联在反转控制电路中的常闭触点先断开，不管电动机是在反转还是停止，保证反转不能运行。然后闭合常开触点，控制电路中电流从热继电器常闭触

点、停止按钮 SB₃ 常闭触点、启动按钮 SB₁ 触点到交流接触器 KM₂ 常闭触点、KM₁ 线圈构成通路。KM₁ 线圈通电后所有触点动作，主触点闭合，电动机通电运转。辅助触点自锁实现电动机连续运转。在 KM₂ 线圈回路中的 KM₁ 常闭辅助触点断开。在正转的过程中，即使错误按下反转按钮 SB₂，KM₂ 线圈也不会通电。

（3）反转。反转启动过程如图 2-2-3 所示。

图 2-2-3 反转启动过程

当按下反转启动按钮 SB₂ 后，串联在正转控制电路中的常闭触点先断开，不管电动机是在正转还是停止，保证正转不能运行。然后再闭合常开触点，控制电路中电流从热继电器常闭触点、停止按钮 SB₃ 常闭触点、启动按钮 SB₂ 触点到交流接触器 KM₁ 常闭触点、KM₂ 线圈构成通路。KM₂ 线圈通电后所有触点动作，主触点闭合，电动机通电反方向运转。辅助触点自锁实现电动机连续运转。在 KM₁ 线圈回路中的 KM₂ 常闭辅助触点断开。在反转的过程中，即使错误按下反转按钮 SB₁，KM₁ 线圈也不会通电。

因采用了复合按钮，无论是从正转到反转，还是从反转到正转，都是先停止原来的运转再反方向启动，所以可以直接进行切换，不需要专门停止后再运行，简化了操作步骤。另外设计了互锁，有效保证了二者不能同时工作，确保了电路的安全。

（4）停止。停止过程如图 2-2-4 所示。

图 2-2-4 停止过程

当按下停止按钮 SB₃ 时，控制电路断路，交流接触器 KM₁ 或 KM₂ 线圈断电，所有触点复位，主触点断开，电动机断电停止运转。串联在两个线圈回路中的常闭辅助触点复位闭合。

因自锁触点复位，即使松开按钮 SB_3，交流接触器 KM_1 或 KM_2 线圈也不能通电，电动机也不会转动，等待下一个启动命令。

任务3　自动往返正反转控制电路的安装与调试

一、任务描述

正反转控制电路中由人工控制发出指令来改变电动机转向，效率较低。一些生产设备需要自动重复地工作。本任务是根据生产设备的工作需求，在加工工序为重复往返操作时，利用行程开关实现自动往返控制，从而达到设备的自动化控制，减少工作量，提高生产效率。本任务的学习目标主要是完成电路的设计、安装、调试、故障排除。

二、知识链接

（一）电路组成

自动往返正反转控制电路原理图如图 2-3-1 所示。

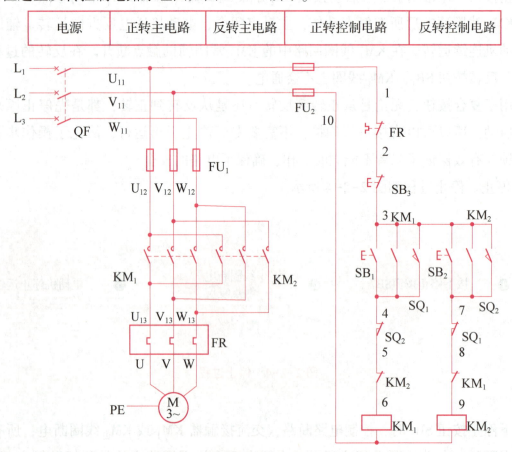

图 2-3-1　自动往返正反转控制电路原理图

（1）断路器QF。电源开关，能起到短路保护作用。

（2）熔断器FU。FU_1、FU_2分别实现主电路与控制电路的短路保护。

（3）交流接触器KM。KM_1的主触点闭合实现电动机的正转，KM_2的主触点闭合改变了电源相序，实现电动机的反转。辅助触点完成自锁与互锁，同时实现电路的欠压保护。

（4）热继电器FR。热继电器实现电动机的过载保护。

（5）按钮SB。按钮实现电动机的启动与停止控制。SB_1为手动操作正转；SB_2为手动操作反转；SB_3为停止按钮，当按下时机器停止运转。

（6）行程开关SQ。行程开关实现自动往返控制。SQ_1为自动正转控制，SQ_2为自动反转控制。为了防止位置失控，可以在各自的控制回路中再串联一只行程开关作为终端限位保护。

行程开关又称为位置开关或限位开关，其作用与按钮相似，用来自动接通或分断部分电路，达到一定的控制要求。在实际应用中，利用机械设备某些运动部件的挡铁碰压行程开关的滚轮，使触点动作，将机械的位移信号——行程信号，转换成电信号，从而对控制电路发出接通或者断开的指令。

常见的行程开关实物图及文字和图形符号如图2-3-2所示。

图2-3-2 常见的行程开关实物图及文字和图形符号

(a) 实物图；(b) 文字和图形符号

1—常开触点；2—常闭触点；3—复合触点

行程开关一般由操作头、触点系统和外壳3部分组成。操作头接受机械设备发出的动作指令和信号，并将其传递到触点系统。其内部结构如图2-3-3所示。

图2-3-3 行程开关的内部结构

1—操作头；2—触点系统

（二）电路的工作过程

（1）合上断路器 QF，电路通电，开始准备生产。

（2）启动。启动过程如图 2-3-4 所示。

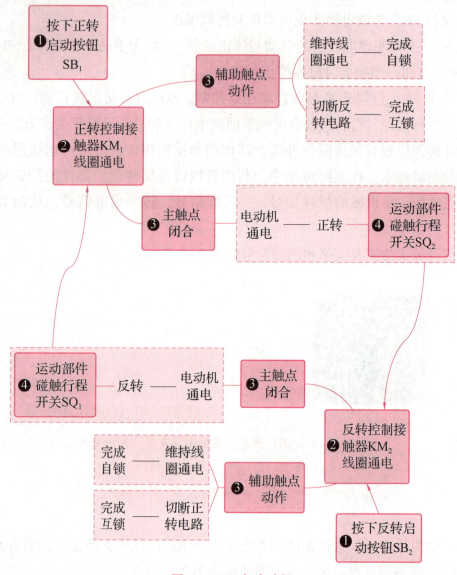

图 2-3-4　启动过程

当按下正转启动按钮 SB_1 后，常开触点闭合，控制电路中电流从热继电器常闭触点、停止按钮 SB_3 常闭触点、启动按钮 SB_1 触点、行程开关 SQ_2 常闭触点到交流接触器 KM_2 常闭触点、KM_1 线圈构成通路。KM_1 线圈通电后所有触点动作，辅助触点自锁实现电动机连续运转。在 KM_2 线圈回路中的 KM_1 常闭辅助触点断开实现互锁。主触点闭合，电动机通电设备开始运转。当运动部件碰触到行程开关 SQ_2，串联在正转控制电路中的常闭触点先断开，然后再闭合常开触点，控制电路中电流从热继电器常闭触点、停止按钮 SB_3 常闭触点、行程开关 SQ_2 触点、SQ_1 常闭触点到交流接触器 KM_1 常闭触点、KM_2 线圈构成通路。KM_2 线圈通电后所有触点动作，辅助触点自锁实现电动机连续运转，KM_1 线圈回路中的 KM_2 辅助触点断开实现互锁。主触点闭合,电动机通电反方向运转。当运动部件碰触到行程开关 SQ_1 后,电动机正转。

因此按下正转或反转按钮,设备开始运转,运动部件碰触到行程开关,转为反方向运动,只要不按下停止按钮,机器一直自动往返。

(3) 停止。停止过程如图 2-3-5 所示。

图 2-3-5　停止过程

当按下停止按钮 SB_3 时,控制电路断路,交流接触器 KM_1 或 KM_2 线圈断电,所有触点复位,主触点断开,电动机断电停止运转。串联在两个线圈回路中的常闭辅助触点复位闭合。因自锁触点复位,即使松开按钮 SB_3,交流接触器 KM_1 或 KM_2 线圈也不能通电,电动机也不会转动,等待下一个启动命令。

项目 3

三相异步电动机降压启动控制电路的安装与调试

```
三相异步电动机降压启动     ──  任务1   自耦变压器降压启动控制电路的安装与调试
控制电路的安装与调试       ──  任务2   Y-△降压启动控制电路的安装与调试
```

项目引入

实际生产中,大容量的三相异步电动机直接启动电流很大,造成电网电压波动较大,严重影响其他设备正常工作。为了减小启动电流,常采用降压启动。降压启动是指启动时降低电动机定子绕组的工作电压,启动结束后定子绕组以额定电压运行。常见的降压启动方法有自耦变压器降压启动、Y-△降压启动、转子串电阻降压启动、电抗降压启动及延边三角启动。

学习目标

【素养目标】

(1) 培养学生严谨科学的思维方法和团结求实的工作作风。

(2) 培养学生安全文明、规范操作、环保节能的工作意识。

(3) 培养学生爱护器件和工具的良好行为习惯,以及理论联系实际、自主学习和探究创新的良好学习习惯。

(4) 培养学生树立正确的世界观和人生观,具有良好的道德修养和身心素质,具有一定的团队协作能力。

【知识目标】
(1) 理解电动机降压启动控制电路的工作原理。
(2) 掌握低压电器控制线路的安装工艺及规范。
(3) 掌握电动机控制线路的检测方法。

【技能目标】
(1) 能根据实际需要选择低压电器器件，会检测其质量。
(2) 能读懂电气原理图和安装图，能按规范和工艺要求安装电路，并能排除电路常见故障。
(3) 能正确选用常用电工工具和电工仪器仪表。
(4) 能执行安全操作规程。

任务1　自耦变压器降压启动控制电路的安装与调试

一、任务描述

自耦变压器降压启动是指电动机启动时利用自耦变压器来降低电动机定子绕组的启动电压，待电动机启动后，再使自耦变压器与电路切断，电动机实现全压正常运行。这种降压启动分为手动控制和自动控制两种。

该启动方式的特点是启动转矩下降为原来的 $1/K^2$（K 为变压比）。在实际应用中，自耦变压器常备有 2~3 组抽头，以便于选择不同抽头实现降压启动，但是启动设备体积大，价格高。

二、知识链接

（一）电路组成

自耦变压器降压启动控制电路原理图如图 3-1-1 所示。

(1) 断路器 QF。电源总开关，在电路中起到短路保护作用。
(2) 熔断器 FU。FU_1、FU_2 分别用于实现主电路与控制电路的短路保护。
(3) 交流接触器 KM。KM_1 和 KM_2 的主触点闭合实现电动机的降压启动，KM 的主触点闭合实现电动机的全压运行。降压启动时，KM_1 的一对辅助触点完成互锁，一对触点实现自锁；全压运行时，KM 辅助触点实现同样的功能，同时实现电路的欠压保护。
(4) 时间继电器 KT。时间继电器用于电动机降压启动时间的控制。

时间继电器是一种利用电磁原理、机械动作原理或电子计时来实现触点延时闭合或分断的自动控制电器。

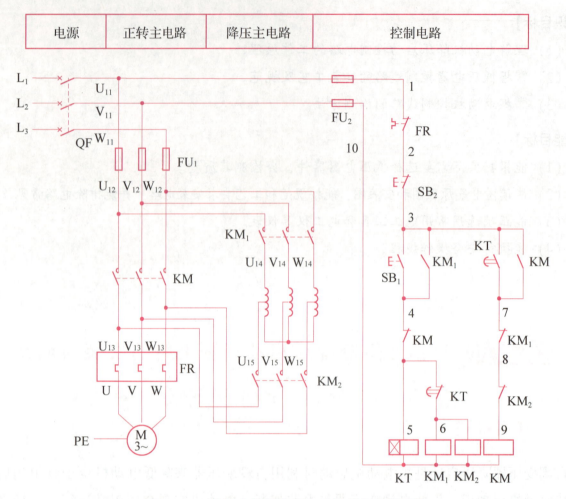

图 3-1-1　自耦变压器降压启动控制电路原理图

常见的时间继电器实物图如图 3-1-2 所示。时间继电器的文字符号为 KT，文字和图形符号如图 3-1-3 所示。

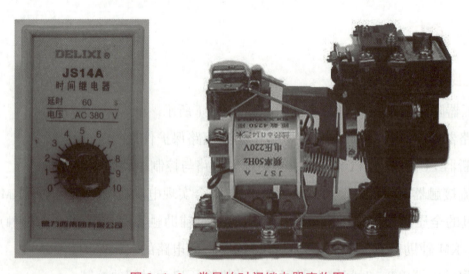

图 3-1-2　常见的时间继电器实物图

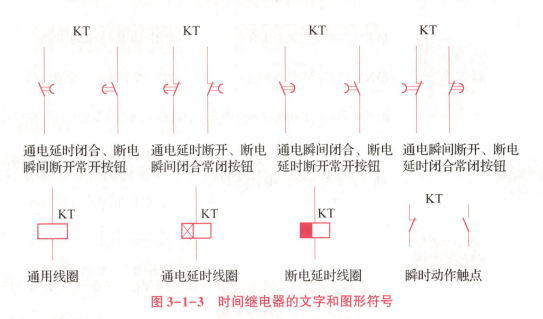

图 3-1-3 时间继电器的文字和图形符号

JS14 系列时间继电器采用电子电路计时，具有体积小、质量轻、精度高、寿命长、通用性强等优点。JS7-A 系列空气阻尼式时间继电器是利用空气通过小孔节流的原理来获得延时动作，根据触点的延时特点，它可以分为通电延时和断电延时两种。时间继电器主要由电磁系统、工作触点、气室和传动机构等部分组成。电磁系统由电磁线圈、静铁芯、衔铁、反作用弹簧片组成，其工作情况与交流接触器类似，但结构上有较大差异。工作触点由两对瞬时触点和两对延时触点组成。每对触点均为一常开和一常闭。气室由橡皮膜、活塞等组成，橡皮膜与活塞可随气室中的气量增减而移动。气室上面有一颗调节螺钉，可调节气室进气速度的快慢，从而改变延时的时间。

（5）热继电器 FR。热继电器实现电动机的过载保护。

（6）按钮 SB。按下启动按钮 SB_1，交流接触器 KM_1 和 KM_2 动作，电动机降压启动，KM 经延时后动作，电动机全压运行。按下停止按钮 SB_2，交流接触器复位，电动机停止工作。

（二）电路的工作过程

（1）合上断路器 QF，电源接通，开始准备生产。

（2）降压启动及全压运行，其过程如图 3-1-4 所示。

按下启动按钮 SB_1，降压启动控制交流接触器 KM_1 和 KM_2 线圈通电，KM_1 主触点、KM_2 主触点闭合，电动机通过自耦变压器供电降压启动；KM_1 辅助触点闭合完成自锁；KM_1 和 KM_2 常闭触点分断，与电动机全压启动控制交流接触器 KM 实现互锁，使电动机无法实现全压启动。同时，时间继电器 KT 线圈通电，经延时后，KT 常闭辅助触点分断，KM_1 和 KM_2 线圈断电，KM_1 和 KM_2 主触点断开，电动机降压启动结束；KM_1 和 KM_2 常闭互锁触点闭合；KT 常开辅助触点闭合，KM 线圈通电，主触点闭合，电动机实现全压供电运行。

全压运行控制交流接触器 KM 线圈通电后，KM 主触点和自锁触点闭合，电动机全压运行；同时，KM 常闭互锁触点分断，对 KM_1 和 KM_2 线圈实现互锁。

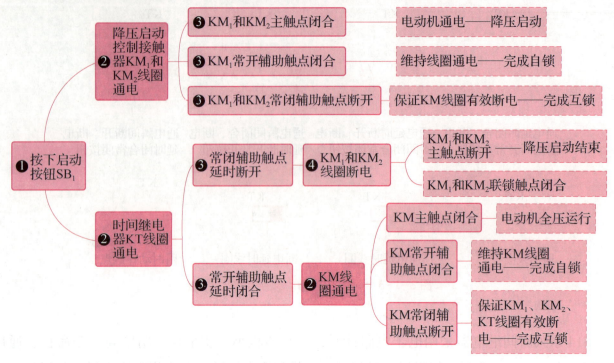

图 3-1-4 降压启动及全压运行过程

(3) 停止。停止过程如图 3-1-5 所示。

图 3-1-5 停止过程

按下停止按钮 SB_2，KM 线圈断电，KM 主触点分断，电动机断电停止运转；同时，KM 常开辅助触点断开，常闭辅助触点复位闭合。由于交流接触器 KM 的常开辅助触点复位，松开 SB_2，电动机也不会恢复运转，等待下一次启动命令。

任务2　Y-△降压启动控制电路的安装与调试

一、任务描述

Y-△（星三角）降压启动是指电动机启动时，把定子绕组接成Y（星形），以降低启动电压,限制启动电流。待电动机启动后,再将定子绕组改接成△(三角形)连接,使电动机全压运行。

三相异步电动机的定子绕组由△连接改为Y连接后,启动转矩和电流都降低到原来的1/3。因此,Y-△降压启动只适用于空载或轻载启动的场合。

二、知识链接

(一)按钮控制Y-△降压启动控制电路

1. 电路组成

按钮控制Y-△降压启动控制电路原理图如图3-2-1所示。

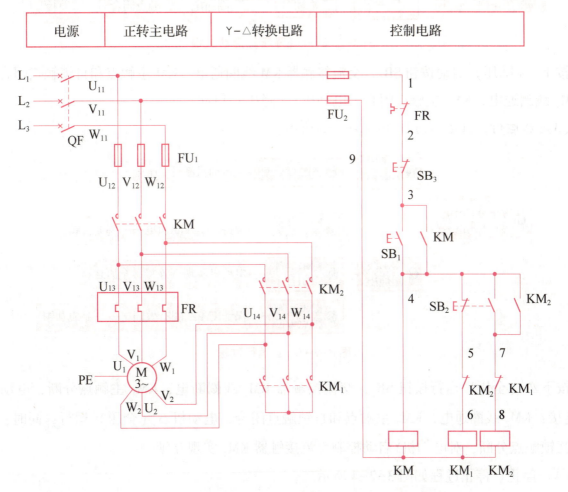

图3-2-1 按钮控制Y-△降压启动控制电路原理图

(1) 断路器QF。电源总开关,在电路中起到短路保护作用。

(2) 熔断器FU。FU_1、FU_2分别用于实现主电路与控制电路的短路保护。

(3) 交流接触器KM。KM与KM_1的主触点闭合实现电动机的Y连接,实现降压启动。KM与KM_2的主触点闭合实现电动机全压运行。KM和KM_2常开辅助触点闭合完成自锁;KM_1与KM_2常闭辅助触点进行互锁,同时实现电路的欠压保护。

(4) 热继电器 FR。热继电器实现电动机的过载保护。

(5) 按钮 SB。按下启动按钮 SB_1，交流接触器 KM 和 KM_1 动作，电动机降压启动。按下按钮 SB_2，交流接触器 KM 和 KM_2 动作，电动机实现全压运行。按下停止按钮 SB_3，交流接触器复位，电动机停止工作。

2. 电路的工作过程

(1) 合上断路器 QF，电源接通，开始准备生产。

(2) Y（降压）启动，其启动过程如图 3-2-2 所示。

图 3-2-2　Y（降压）启动过程

按下 Y（降压）启动按钮 SB_1，交流接触器 KM 线圈通电，KM 主触点和自锁触点闭合，同时 KM_1 线圈通电，KM_1 主触点闭合，电动机 Y（降压）启动。

(3) △运行，其运行过程如图 3-2-3 所示。

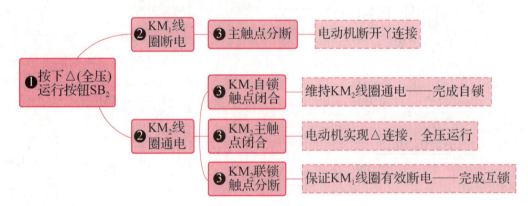

图 3-2-3　△运行过程

按下△（全压）运行按钮 SB_2，交流接触器 KM_1 线圈断电，KM_1 主触点分断，电动机断开 Y 连接；KM_2 线圈通电，KM_2 主触点和自锁触点闭合，电动机△（全压）运行；同时，KM_2 常闭互锁触点分断，对电动机 Y 启动控制交流接触器 KM_1 实现互锁。

(4) 停止。停止过程如图 3-2-4 所示。

图 3-2-4　停止过程

按下停止按钮 SB₃，KM 和 KM₂ 线圈断电，KM 和 KM₂ 主触点分断，电动机断电停止运转；同时 KM 常开辅助触点断开，KM₁ 和 KM₂ 常闭辅助触点闭合。

（二）时间继电器控制Y-△降压启动控制电路

1. 电路组成

时间继电器控制Y-△降压启动控制电路原理图如图 3-2-5 所示。

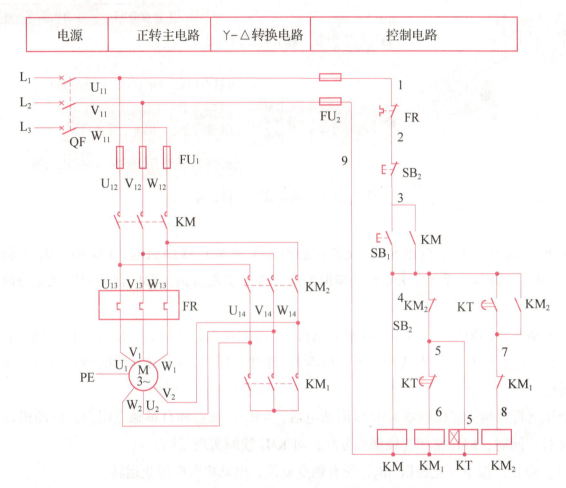

图 3-2-5　时间继电器控制Y-△降压启动控制电路原理图

（1）断路器 QF。电源总开关，在电路中起到短路保护作用。

（2）熔断器 FU。FU_1、FU_2 分别用于实现主电路与控制电路的短路保护。

（3）交流接触器 KM。KM 与 KM_1 的主触点闭合实现电动机的Y连接，实现降压启动。KM 与 KM_2 的主触点闭合实现电动机全压运行。KM 和 KM_2 常开辅助触点闭合完成自锁；KM 与 KM_2 常闭辅助触点进行互锁，同时实现电路的欠压保护。

（4）时间继电器 KT。时间继电器用于电动机降压启动时间的控制。

（5）热继电器 FR。热继电器实现电动机的过载保护。

（6）按钮 SB。按下停止按钮 SB_1，交流接触器复位，电动机停止工作。

2. 电路的工作过程

（1）合上断路器 QF，电源接通，开始准备生产。

（2）Y启动及△运行，其过程如图3-2-6所示。

图 3-2-6　Y启动及△运行过程

按下Y（降压）启动按钮SB_1，交流接触器KM和KM_1线圈通电，KM和KM_1主触点闭合，电动机Y（降压）启动；KM常开辅助触点闭合，实现自锁，KM_1常闭辅助触点分断，实现互锁。

在电动机Y（降压）启动后，时间继电器KT线圈通电，延时后，KT常闭辅助触点分断，KM_1线圈断电，KM_1主触点断开，电动机断开Y连接；同时，KT常开辅助触点闭合，使KM_2线圈通电。

全压运行控制交流接触器KM_2线圈通电后，KM_2主触点和自锁触点闭合，电动机△（全压）运行；同时，KM_2常闭互锁触点分断，对KM_1线圈实现互锁。

（3）停止。按下停止按钮SB_2，所有触点复位，电动机断电停止运转。

项目 4

三相异步电动机调速与制动控制电路的安装与调试

三相异步电动机调速与制动控制电路的安装与调试
- 任务1　电磁抱闸制动控制电路的安装与调试
- 任务2　反接制动控制电路的安装与调试
- 任务3　电动机能耗制动控制电路的安装与调试
- 任务4　双速电动机控制电路的安装与调试

项目引入

在实际生产生活中会用到双速电动机，如地下商场的通风、排烟风机，其中低速主要用于普通排气，高速则用于火灾排烟等。因为异步电动机在切断电源后依惯性要转动一段时间才能停下来，所以为缩短时间，提高生产效率和加工精度，就需要尽快使电动机停转或准确定位，即要对拖动的电动机进行制动，如吊车的吊钩需要准确定位、镗床主轴需要尽快停转。

学习目标

【素养目标】

（1）培养学生严谨科学的思维方法和团结求实的工作作风。

（2）培养学生安全文明、规范操作、环保节能的工作意识。

（3）培养学生爱护器件和工具的良好行为习惯，以及理论联系实际、自主学习和探究创新的良好学习习惯。

(4) 培养学生树立正确的世界观和人生观，具有良好的道德修养和身心素质，具有一定的团队协作能力。

【知识目标】

(1) 理解电动机调速与制动控制电路的工作原理。
(2) 掌握低压电器控制线路的安装工艺及规范。
(3) 掌握电动机控制线路检测方法。

【技能目标】

(1) 能根据实际需要选择低压电器器件，会检测其质量。
(2) 能读懂电动机调速与制动控制电路的电气原理图和安装图，能按规范和工艺要求安装电路，并能排除电路常见故障。
(3) 能正确选用常用电工工具和电工仪器仪表。
(4) 能执行安全操作规程。

任务1 电磁抱闸制动控制电路的安装与调试

一、任务描述

本任务是在学生已经基本掌握电动机正反转控制的基础上加以升级，实现电动机的电磁抱闸制动，主要完成电路的设计、安装、调试、故障排除。

二、知识链接

（一）电路组成

电磁抱闸制动控制电路原理图如图4-1-1所示。

(1) 断路器 QF。电源开关，能起到短路保护作用。

(2) 熔断器 FU。FU_1、FU_2 分别实现主电路与控制电路的短路保护，FU_3 实现电磁抱闸线圈的短路保护。

(3) 交流接触器 KM。KM_1 的主触点闭合实现电动机的运转，KM_2 的主触点闭合，电磁抱闸线圈通电，闸瓦松开实现电动机的转动；当 KM_2 的主触点断开时，电磁抱闸线圈断电，闸瓦抱紧，实现电动机的制动。辅助触点完成自锁与互锁，同时实现电路的欠压保护。

(4) 电磁抱闸线圈 YB。电磁抱闸是普遍应用的制动装置，它具有较大的制动力，能准确、及时地使被制动的对象停止运动。电磁抱闸制动方式分为闸瓦平时抱紧和松开两种状态。

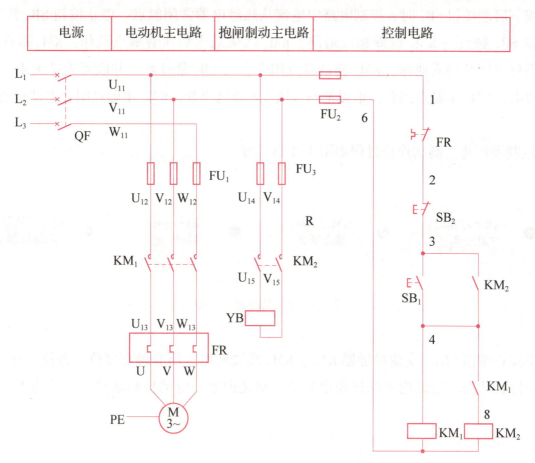

图 4-1-1　电磁抱闸制动控制电路原理图

其中，闸瓦平时抱紧的制动状态主要用于吊车、卷扬机等升降类机械，防止发生电路断电或者电气故障时，重物自行下落，造成设备及人身事故；闸瓦平时松开状态则应用于如机床等需要调整加工工件位置的生产设备。在本电路中采用平时抱紧，通电松开闸瓦制动方式。

（5）热继电器 FR。热继电器实现电动机的过载保护。

（6）按钮 SB。按钮实现电动机的启动与制动控制。SB_1 用于电动机的启动，SB_2 用于电动机的制动停止。

（二）电路的工作过程

（1）合上断路器 QF。电路通电，开始准备生产。

（2）电动机转动。启动过程如图 4-1-2 所示。

图 4-1-2　启动过程

当按下启动按钮 SB_1 时，控制电路中电流从热继电器常闭触点、停止按钮 SB_2 常闭触点、启动按钮 SB_1 触点到 KM_1 线圈构成通路。KM_1 线圈通电后所有触点动作，KM_2 线圈回路因 KM_1 辅助触点闭合构成通路，KM_2 辅助触点闭合，与 SB_1 常开触点并联而维持 KM_1、KM_2 线圈持续通电，KM_2 主触点闭合，电磁抱闸线圈 YB 通电松开，KM_1 主触点闭合电动机通电启动运转。

（3）制动停止。制动停止过程如图 4-1-3 所示。

图 4-1-3　制动停止过程

按下停止按钮 SB_2，交流接触器 KM_1、KM_2 线圈断电，所有触点复位，即使松开 SB_2，电路也处于停止状态。电磁抱闸同样断电复位，闸瓦抱紧，电动机制动停止，等待下一次启动命令。

任务 2　反接制动控制电路的安装与调试

一、任务描述

本任务是在交流接触器联锁正反转控制电路的基础上加以升级，实现电动机启动、利用速度继电器进行反接制动的目的，主要完成电路的设计、安装、调试、故障排除。

二、知识链接

（一）电路组成

速度继电器控制反接制动控制电路原理图如图 4-2-1 所示。

（1）断路器 QF。电源开关，能起到短路保护作用。

（2）熔断器 FU。FU_1、FU_2 分别实现主电路与控制电路的短路保护。

（3）交流接触器 KM。KM_1 的主触点闭合实现电动机的启动，KM_2 的主触点闭合调整了电源相序，可以实现电动机的反转，同时串联了电阻限制反转力矩，避免冲击过大。辅助触点完成自锁与互锁，同时实现电路的欠压保护。

（4）热继电器 FR。热继电器实现电动机的过载保护。

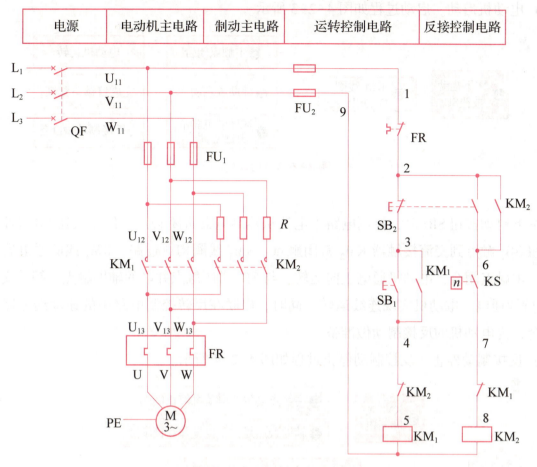

图 4-2-1　速度继电器控制反接制动控制电路原理图

（5）按钮 SB。按钮实现电动机的启动与停止控制。SB_1 用于电动机的启动，SB_2 用于电动机的制动停止。

（6）速度继电器 KS。速度继电器又称为反接制动继电器，是用来反映转速与方向变化的继电器，它可以按照被控电动机转速的大小使控制电路接通或断开。速度继电器主要由转子、定子及触点三部分组成。速度继电器实物图及文字和图形符号如图 4-2-2 所示。

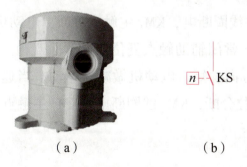

（a）　　　　　　　　（b）

图 4-2-2　速度继电器实物图及文字和图形符号
（a）实物图；（b）文字和图形符号

（二）电路的工作过程

（1）合上断路器 QF，电路通电，开始准备生产。

（2）电动机启动。启动过程如图 4-2-3 所示。

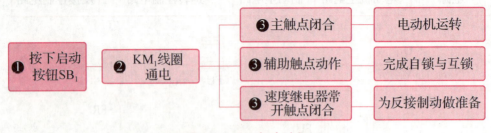

图 4-2-3 启动过程

当按下启动按钮 SB_1 时，控制电路中电流从热继电器常闭触点、停止按钮 SB_2 常闭触点、启动按钮 SB_1 触点到交流接触器 KM_2 常闭触点、KM_1 线圈构成通路。KM_1 线圈通电后所有触点动作，主触点闭合，电动机通电正向运转。与 SB_1 常闭触点并联的辅助触点自锁，交流接触器 KM_1 持续通电，电动机实现连续运转。同时，串联在反转控制电路中的速度继电器的常开触点闭合，为电动机的反接制动做准备。

（3）反接制动停止。反接制动停止过程如图 4-2-4 所示。

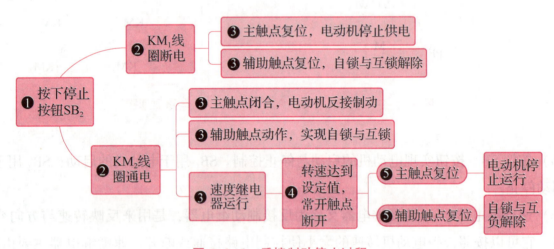

图 4-2-4 反接制动停止过程

按下停止按钮 SB_2，KM_1 线圈断电，KM_1 主触点分断，电动机断电停止运转；同时，KM_1 常开辅助触点断开解除自锁，常闭辅助触点复位闭合解除互锁。KM_2 线圈通电，KM_2 主触点闭合，电动机反接，产生反方向力矩，电动机做减速运动，当速度继电器在转速降到接近零时（120 r/min）常开触点复位分断，KM_2 线圈断电，KM_2 主触点复位，电动机停止供电停车。

任务 3 电动机能耗制动控制电路的安装与调试

一、任务描述

本任务是在克服反接制动的制动冲击强烈、准确度不高等缺点的基础上设计的。能耗制动控制电路的优点是能耗小、制动电流小、制动准确度较高、制动过程平衡无冲击，缺点是需要直流电源整流装置、设备费用高、制动力较弱、制动转矩与转速成比例较小。因此，能耗制动适用于电动机能量较大，要求制动平稳、制动频繁以及停位准确的场合，常用于铣床、龙门刨床及组合机床的主轴定位等。本任务主要是完成电路的设计、安装、调试、故障排除。

二、知识链接

（一）电路组成

电动机能耗制动控制电路原理图如图 4-3-1 所示。

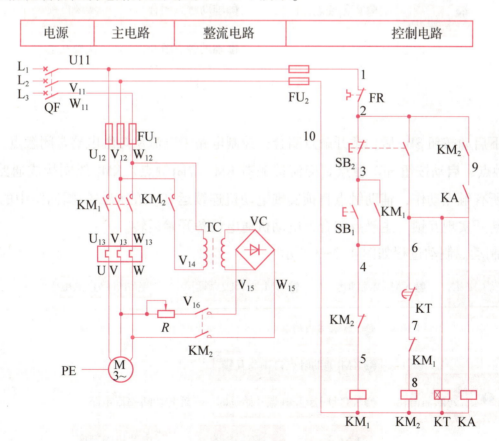

图 4-3-1 电动机能耗制动控制电路原理图

(1) 断路器 QF。电源开关,能起到短路保护作用。

(2) 熔断器 FU。FU_1、FU_2 分别实现主电路与控制电路的短路保护。

(3) 交流接触器 KM。KM_1 的主触点闭合实现电动机的启动,KM_2 的主触点闭合接通直流电源整流装置,从而实现电动机的能耗制动。辅助触点完成自锁与互锁,同时实现电路的欠压保护。

(4) 热继电器 FR。热继电器实现电动机的过载保护。

(5) 按钮 SB。按钮实现电动机的启动与停止控制。

(6) 时间继电器 KT。时间继电器控制制动过程中的制动时间。

(7) 变压器 TC。变压器将 380 V 电源变为整流桥使用的电源。

(8) 整流桥 VC。整流桥将交流电变为制动使用的直流电源。

(9) 滑动变阻器 R。滑动变阻器改变阻值可以调整制动电流的大小,与时间继电器配合,实现准确制动停止。

(二) 电路的工作过程

(1) 合上断路器 QF,电路通电,开始准备生产。

(2) 电动机启动。启动过程如图 4-3-2 所示。

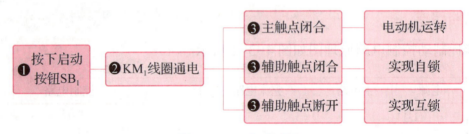

图 4-3-2 启动过程

当按下启动按钮 SB_1 后,常开触点闭合,控制电路中电流从热继电器常闭触点、停止按钮 SB_2 常闭触点、启动按钮 SB_1 触点到交流接触器 KM_2 常闭触点、KM_1 线圈构成通路。KM_1 线圈通电后所有触点动作,辅助触点自锁实现电动机连续运转。在 KM_2 线圈回路中的 KM_1 常闭辅助触点断开实现互锁。主触点闭合,电动机通电设备开始运转。

(3) 制动。制动过程如图 4-3-3 所示。

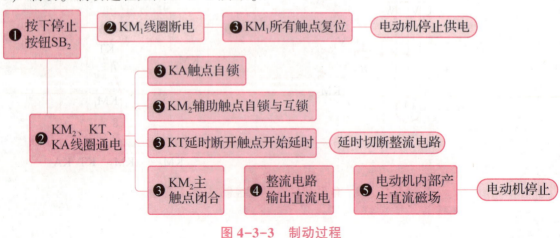

图 4-3-3 制动过程

按下停止按钮 SB_2，KM_1 线圈断电，KM_1 常开辅助触点断开解除自锁，常闭辅助触点复位闭合解除互锁。KM_1 主触点分断，电动机停止供电。同时，SB_2 常开触点动作闭合，控制电路中电流从热继电器常闭触点、SB_2 常开闭合触点、时间继电器 KT 通电延时断开常闭触点到交流接触器 KM_1 常闭触点、KM_2 线圈构成通路。KM_2 线圈通电，KM_2 主触点闭合，经变压器变压整流可变电阻调整输出的直流电流在电动机绕组构成回路，在电动机内部产生磁场，转子在惯性的作用下旋转，切割磁场，产生反方向作用力，让转子快速停止。在 KM_2 线圈通电的同时，继电器 KA、时间继电器 KT 线圈同时通电，KM_2 线圈回路中串联了时间继电器 KT 通电延时断开常闭触点。经延时后常闭触点动作断开，KM_2 线圈断电，KM_2 主触点复位，直流供电结束。

需要注意的是，能耗制动结束后需要及时切断电源，需要时间继电器的延时时间与电阻的大小配合适当，在电动机转子基本停止时切断整流电路，以防止电动机定子绕组长期通入直流电。为了确保能切断直流供电，防止烧坏电动机，在 KM_2 自锁电路中串联了继电器自锁触点，KT、KA 线圈与 KM_2 线圈同时断电，至此所有触点复位，等待下一次启动指令。

任务 4　双速电动机控制电路的安装与调试

一、任务描述

本任务介绍的是根据生产设备的工作需求设计的电路。例如，加工设备中车刀快进时转速高，以提高生产效率；正常加工时，电动机采用低速运转，以保证加工力矩。因此，在一些机械设备中采用双速电动机驱动。本任务主要是完成电路的设计、安装、调试、故障排除。

二、知识链接

（一）电路组成

双速电动机控制电路原理图如图 4-4-1 所示。

(1) 断路器 QF。电源开关，能起到短路保护作用。

(2) 熔断器 FU。FU_1 实现主电路与控制电路的短路保护，FU_2 实现控制电路的短路保护。

(3) 交流接触器 KM。KM_1 的主触点闭合，此时电动机绕组接法为 △ 接法，实现电动机的低速转动。KM_2、KM_3 的主触点闭合后电动机绕组接法为 YY（双星形）接法，实现电动机的高速转动。辅助触点完成自锁与互锁，同时实现电路的欠压保护。

(4) 热继电器 FR。热继电器实现电动机的过载保护。

(5) 按钮 SB。按钮实现电动机的启动与停止控制。低速启动按钮 SB_1 为手动操作低速转动；高速启动按钮 SB_2 为手动操作电动机高速运行；SB_3 为停止按钮，当按下时机器停止运转。

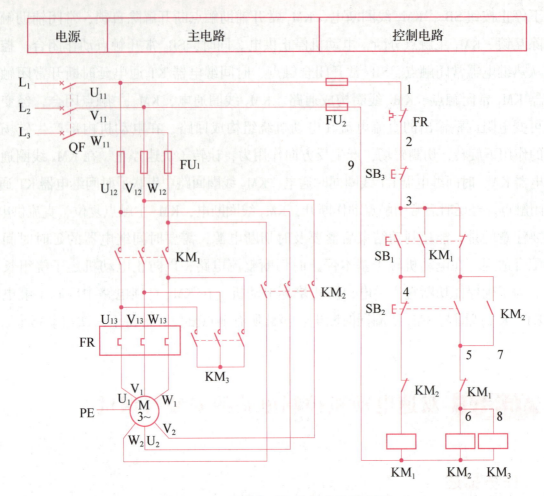

图 4-4-1 双速电动机控制电路原理图

（6）电动机。本电路中电动机采用双绕组结构，当三相绕组为△连接时为低速绕组分布，此时 U_1、V_1、W_1 接入三相交流电，如图 4-4-2（a）所示。当 U_2、V_2、W_2 接入三相交流电，同时将 U_1、V_1、W_1 短接在一起时，三相绕组YY连接为高速绕组分布，此时如图 4-4-2（b）所示。

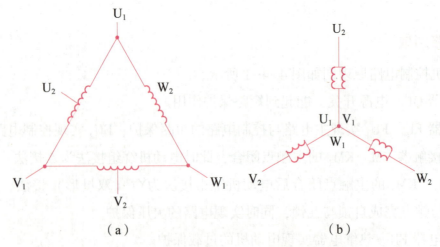

图 4-4-2 双速电动机内部绕组结构示意图

(a) △连接；(b) YY连接

（二）电路的工作过程

（1）合上断路器 QF，电路通电，开始准备生产。

（2）低速运行。启动过程如图 4-4-3 所示。

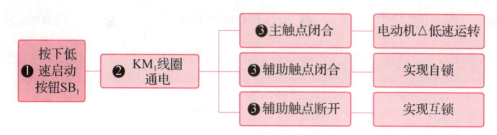

图 4-4-3　启动过程

当按下低速启动按钮 SB₁ 后，常开触点闭合，控制电路中电流从热继电器常闭触点、停止按钮 SB₃ 常闭触点、启动按钮 SB₁ 触点、SB₂ 常闭触点到交流接触器 KM₂ 常闭触点、KM₁ 线圈构成通路。KM₁ 线圈通电后所有触点动作，辅助触点自锁实现电动机连续运转。在 KM₂ 线圈回路中的 KM₁ 常闭辅助触点断开实现互锁。主触点闭合，电动机为 △ 连接通电开始低速启动运转。为了保证安全，在两个交流接触器线圈回路中加装按钮与交流接触器互锁双重保护。

（3）高速运行。高速运行过程如图 4-4-4 所示。

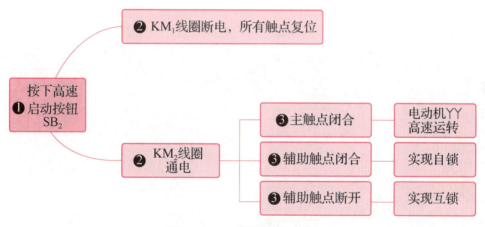

图 4-4-4　高速运行过程

当按下高速启动按钮 SB₂ 后，常开触点闭合，控制电路中电流从热继电器常闭触点、停止按钮 SB₃ 常闭触点、按钮 SB₁ 常闭触点、SB₂ 触点、交流接触器 KM₁ 常闭触点到 KM₂、KM₃ 线圈构成通路。KM₂、KM₃ 线圈通电后所有触点动作，KM₂ 辅助触点自锁实现电动机连续运转。在 KM₁ 线圈回路中的 KM₂ 常闭辅助触点断开实现互锁。两个交流接触器主触点闭合，电动机为 YY 连接通电开始高速启动运转。

(4) 停止。停止过程如图 4-4-5 所示。

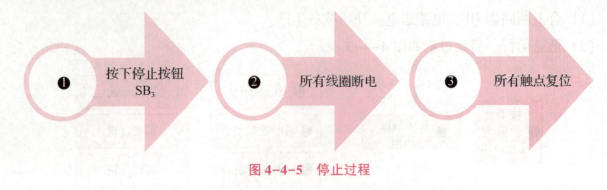

图 4-4-5 停止过程

由于交流接触器的辅助触点复位，松开 SB_3，也不会恢复运转，等待下一个启动命令。

项目 5

常用生产机械设备电气控制线路的分析与故障检修

```
常用生产机械设备电气控     ┬── 任务1  CA6140型车床电气控制线路的分析与故障检修
制线路的分析与故障检修     │
                          └── 任务2  M7130型平面磨床电气控制线路的分析与故障检修
```

项目引入

中国作为世界第一制造业大国，生产机械设备众多，最常用的生产机械设备主要有车床、磨床及铣床。本项目主要以最典型的 CA6140 型车床、M7130 型平面磨床为例，介绍其电气控制线路的分析与故障检修。

学习目标

【素养目标】

(1) 培养学生严谨科学的思维方法和团结求实的工作作风。

(2) 培养学生安全文明、规范操作、环保节能的工作意识。

(3) 培养学生爱护器件和工具的良好行为习惯，使其形成良好的职业素养。

(4) 培养学生理论联系实际、自主学习和探究创新的良好学习习惯，激发学生的好奇心与求知欲。

(5) 培养学生树立正确的世界观和人生观，具有良好的道德修养和身心素质，具有较高的团队协作能力。

【知识目标】

(1) 了解机械设备的工作过程。
(2) 掌握机械设备控制电路的工作原理。
(3) 掌握电动机控制线路的检测方法。

【技能目标】

(1) 能读懂电气原理图，能正确识别电器及传感器。
(2) 能结合故障现象分析故障原因并排除常见故障。
(3) 能正确使用电工工具拆装电路。
(4) 能根据电路需要选择低压电器，会利用电工仪表仪器检测其质量。

任务1　CA6140 型车床电气控制线路的分析与故障检修

一、任务描述

CA6140 型车床是一种典型的车床，在生产中应用极为广泛，主要用于零部件的加工生产。本任务是学习电气控制线路的原理，分析电路工作原理，能完成常见故障的分析与排除。

二、知识链接

（一）设备介绍

CA6140 型车床实物图如图 5-1-1 所示。

图 5-1-1　CA6140 型车床实物图

（1）主轴箱。主轴箱的作用是支撑并传动主轴，由电动机提供动力，通过齿轮变换成加工所需的转速，让主轴带动工件按照设定的转速旋转。

（2）夹盘。夹盘固定在主轴上，用以装夹工件。

（3）床鞍和刀架部件。床鞍可以沿着床身上的刀架轨道做纵向移动。刀架部件位于床鞍上，随着床鞍的纵向移动而移动，同时可以横向移动。刀架部件的功能是装夹车刀，并使车刀做纵向、横向或斜向运动。

（4）尾座。尾座位于床身的尾座轨道上，并可沿导轨纵向调整位置。它的功能是用后顶尖配合夹盘支撑工件，避免加工长工件时产生晃动而影响精度。另外，还可以在尾座上安装钻头等加工刀具，进行孔加工。

（5）进给箱。进给箱位于主轴箱的底部，其功能是改变被加工螺纹的螺距或机动进给的进给量。刀架由快速移动电动机提供动力。

（6）溜板箱。溜板箱固定在刀架部件的底部，可带动刀架一起做纵向、横向进给，快速移动或螺纹加工。在溜板箱上装着各种操作手柄及按钮，操作者可以方便地操作机床。

（7）工作照明灯。车床工作照明灯供电电压为 24 V，为安全电压。

（8）润滑系统。润滑系统主要对切削刀具和工件进行冷却、润滑，由冷却泵电动机提供冷却液。

（9）床身。床身能承受较高的应力，是机床的基本支撑件。各个主要部件安装在床身上，工作时床身使它们保持准确的相对位置。

（二）电路组成

CA6140 型车床电路原理图如图 5-1-2 所示。

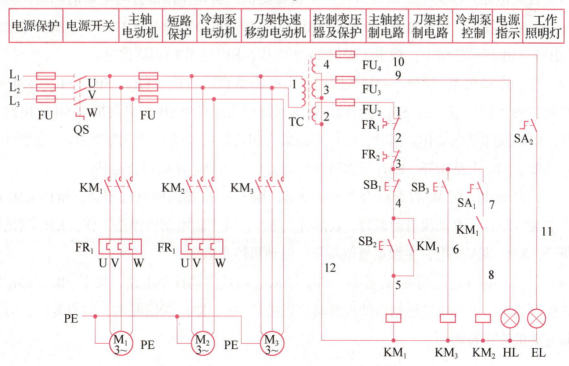

图 5-1-2　CA6140 型车床电路原理图

下面进行 CA6140 型车床识图分析。

1. 电源电路

机床采用三相 380 V 交流电源供电，经熔断器 FU、电源开关 QS 引入。FU 用于总电源短路保护，采用组合开关 QS 为电源总开关。没有引入中性线，另外引入了 PE 线，直接接到车床 PE 接线端子。

2. 主电路

三相主轴电动机 M_1 为 7.5 kW 四极电动机。内部为 △ 接法，交流接触器 KM_1 控制电源引入三相交流电，FR_1 实现主轴电动机的过载保护，总熔断器 FU 同时用于主轴电动机的短路保护。

一些小机床采用正反转实现主轴电动机的正反转，CA6140 型车床靠摩擦离合器来实现，电动机只做单向旋转。一般中、小型车床的主轴电动机均采用直接启动。停车时为实现快速停车，一般采用机械制动或电气制动。

冷却泵电动机 M_2 的供电由交流接触器 KM_2 控制实现，主轴电动机启动之后，KM_1 辅助触点闭合，合上开关 SA_1 才能启动冷却泵电动机，以减少冷却液的浪费。停止时，断开 SA_1 或主轴电动机控制交流接触器 KM_1 断电，则 KM_2 线圈也断电触点复位，M_2 停止，这样可减少操作步骤。FR_2 实现电动机的过载保护，FU_1 实现短路保护。

刀架快速移动电动机由交流接触器 KM_3 控制电源引入，采用点动控制，无过载保护，由 FU_1 实现电动机的短路保护。

3. 控制电路

（1）控制电路及辅助电路供电由控制变压器提供，实现操作部分与电网的隔离，保证操作人员的安全。绕组 1 接入电源 380 V，绕组 2 提供控制电路电源电压 110 V，绕组 3 提供 6 V 电压，用于工作指示灯供电，绕组 4 提供 24 V 电压，用于工作照明灯供电。

（2）主轴电动机 M_1 控制。KM_1 线圈回路由电源经 FU_2、FR_1、FR_2、SB_1、SB_2、KM_1 线圈构成回路。SB_1 为停止按钮，SB_2 为启动按钮。回路中断开点为 SB_2，只要按下 SB_2，电路就形成通路，KM_1 线圈通电动作。同时，KM_1 辅助触点闭合形成自锁，即使松开 SB_2，也能维持线圈通电。按下 SB_1 电路断开，KM_1 线圈断电触点复位，主轴电动机停止运转。

（3）冷却泵电动机 M_2 控制。合上开关 SA_1，由于 KM_1 辅助触点已闭合，所以 KM_2 线圈通电，主触点闭合，电动机启动运转。切断开关 SA_1，或主轴电动机停止工作，KM_1 辅助触点复位断开，KM_2 线圈断电，主触点复位断开，电动机停止运转。

（4）刀架快速移动电动机 M_3 控制。SB_3 与 KM_3 组成点动控制电路，按下 SB_3，KM_3 线圈通电，触点动作，刀架快速移动电动机转动。当松开 SB_3，KM_3 线圈断电，触点复位，刀架快速移动电动机停止转动。

FU_2 用于控制电路的短路保护，FR_1、FR_2 为热继电器的辅助触点，用于过载保护，当主轴电动机与冷却泵电动机任一电动机过载保护，都会切断所有控制电路，保证电动机的安全。

4. 辅助电路

HL 为电源信号灯，由控制变压器绕组提供 6 V 电压供电，FU_3 做短路保护。当车床 QS 闭合通电时，L_1、L_2 相通过 FU、QS、FU_1 到控制变压器初级绕组，6 V 绕组输出 6 V 电压。当 HL 通电亮时，说明电源已经引入，车床处于待机状态，等待工作操作。

EL 为车床照明灯，由控制变压器绕组提供 24 V 供电，FU_4 做短路保护。SA_2 闭合，工作照明灯亮，SA_2 断开，工作照明灯熄灭。

（三）常见故障分析

在机械加工行业，车床加工时间长，使用中出现的故障比较多，故障现象也是多种多样。下面介绍几种常见的电气故障和车床的故障处理办法。

1. 主轴电动机不启动

只有主轴电动机不启动可能是因为电动机出现故障或控制电路出现故障，其他两个电动机的故障排除思路相同，在故障排除中主要从这两个方面入手，具体如表 5-1-1 所示。

表 5-1-1 主轴电动机不启动故障处理

序号	故障原因	判断方法	处理方法
1	电动机烧坏	（1）用万用表测量绕组电阻值； （2）相间及相线与外壳绝缘	维修或更换电动机
2	交流接触器线圈烧坏或触点烧坏	用万用表测量触点及线圈电阻值	根据检查结果更换相应部件或更换交流接触器
3	按钮 SB_1、SB_2 触点接触不良	用万用表测量熔体及各元件阻值	查找原因并更换熔体
4	热继电器动作或触点接触不良	用万用表测量触点	检查热继电器动作原因，排除故障，触点接触不良更换热继电器

2. 工作照明灯不亮

工作照明灯不亮的原因是灯坏或者供电断路，具体如表 5-1-2 所示。

表 5-1-2 工作照明灯不亮故障处理

序号	故障原因	判断方法	处理方法
1	照明灯坏	用万用表测量电阻值	更换灯泡
2	SA_2 接触不良	用万用表测量电阻值	更换开关
3	熔断器烧坏	用万用表测量电阻值	更换熔体

3. 整机无电

整机无电故障的原因应主要考虑电路的公用部分，采用的检查方法如表 5-1-3 所示。

表 5-1-3 整机无电故障处理

序号	故障原因	判断方法	处理方法
1	外接电源无电	用万用表测量供电电压	检查外线
2	熔断器烧断	用万用表测量电阻值	更换熔体
3	转换开关损坏	用万用表测量各触点电阻值	更换转换开关

任务 2　M7130 型平面磨床电气控制线路的分析与故障检修

一、任务描述

M7130 型平面磨床是利用磨具对工件表面进行磨削加工的机械设备，在机械加工生产中应用广泛。本任务是学习电气控制线路原理，分析电路工作原理，完成常见故障的分析与排除。

二、知识链接

（一）设备介绍

M7130 型平面磨床实物图如图 5-2-1 所示。

磨床的机械结构由床身、工作台、电磁吸盘、砂轮架、滑座等部分组成。工作台上装有电磁吸盘，用以吸附工件。工作台在液压传动机构的作用下，沿着床身的导轨做往返运行。砂轮架在电动机的驱动下可在主导轨上做垂直运行。

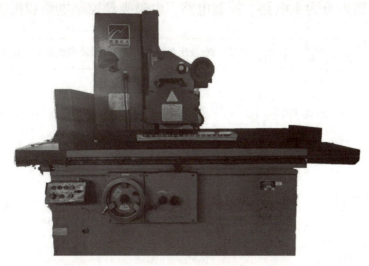

图 5-2-1　M7130 型平面磨床实物图

（1）主运动。磨床采用装入式电动机，将砂轮直接装到电动机轴上，以提高主轴的刚度，简化机械结构。为了保证磨削加工质量，要求砂轮有较高的转速，通常采用两极笼型异步电动机。电动机只要求单方向旋转，采用直接启动，不需要调速和制动。

（2）进给运动。工作台的往复运动（纵向进给）采用液压传动，在液压作用下做纵向运动，这种方式换向平稳，易于实现无级调速。工作台由装在工作台前侧的换向挡铁碰撞床身上的液压换向开关控制工作台进给方向，由液压泵电动机 M_3 拖动液压泵提供动力。

（3）砂轮架的运动。砂轮架的横向（前后）进给。在磨削的过程中，工作台换向时，砂轮架就横向进给一次。进给运动根据需要可以由液压传动，也可用手轮来操作。

砂轮架的升降运动（垂直进给）是通过操作手轮由机械传动装置实现滑座沿立柱的导轨垂直上下移动，以调整砂轮架的上下位置，或使砂轮磨入工件，以控制磨削平面时工件的尺寸。

（4）辅助运动。工件可以用螺钉和压板直接固定在工作台上，或者在工作台上安装电磁吸盘，将工件吸附在电磁吸盘上。电磁吸盘要有充磁和退磁控制环节。为保证安全，电磁吸盘与3台电动机 M_1、M_2、M_3 之间有电气联锁装置，即电磁吸盘吸合后，电动机才能启动。电磁吸盘不工作或发生故障时，3 台电动机均不能启动。

工作台由液压传动机构实现快速移动，能在纵向、横向和垂直 3 个方向快速移动。工件冷却由冷却泵电动机 M_2 拖动冷却泵旋转供给冷却液，砂轮电动机 M_1 和冷却泵电动机要实现顺序控制。

（二）电路分析

M7130 型平面磨床电路原理图如图 5-2-2 所示。

磨床的电气设备主要安装在床身后部的壁龛盒中，而控制按钮安装在床身前部的电气操纵盒上。电气控制电路可分为主电路、控制电路、电磁吸盘控制电路和机床照明电路等部分。

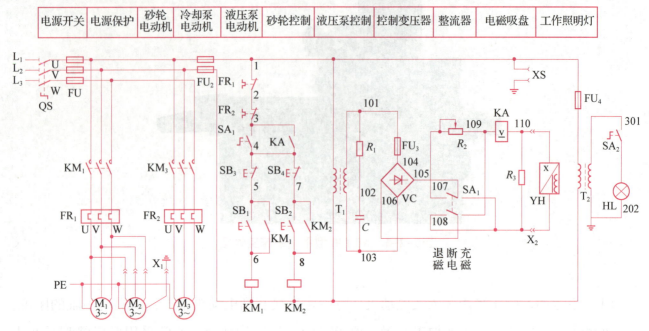

图 5-2-2　M7130 型平面磨床电路原理图

1. 主电路

QS 为全部的电气设备总开关，在主电路中控制 3 台电动机，均采用交流接触器控制，共用熔断器 FU_1 做短路保护。

（1）交流接触器 KM_1 的主触点同时控制砂轮电动机 M_1 和冷却泵电动机 M_2，热继电器 FR_1 实现它们的过载保护。冷却泵电动机 M_2 经插座 X_1 可以实现单独关断控制，满足不同的加工工艺。

（2）交流接触器 KM_2 的主触点控制液压泵电动机 M_3，热继电器 FR_2 实现过载保护。

2. 控制电路

交流接触器 KM_1 与两个热断电器常闭触点、按钮 SB_1 和 SB_3 构成单向连续运转控制电路，实现砂轮电动机 M_1 和冷却泵电动机 M_2 的启动与停止；交流接触器 KM_2 与按钮 SB_2 和 SB_4 构成单向连续运转控制电路，实现液压泵电动机 M_3 的启动与停止。

为了保证工作安全，3 台电动机启动的前提条件是电磁吸盘 YH 工作，且欠电流继电器 KA 通电吸合，触点 KA（3—4）闭合。或 YH 不工作，转换开关 SA_1 置于"退磁"位置，触点 SA_1（3—4）闭合。

3. 电磁吸盘的控制

电磁吸盘由底壳、铁芯和线圈组成。矩形电磁吸盘为平面磨床的磁力工作台，用来吸附导磁工件，实现工件的定位和磨削加工。吸附工件时，接通机床上的直流电源，只要搭接相邻的两个磁极，即可获得足够的定位吸力，便可以进行磨削加工。通过机床按钮，可实现工件的充磁和退磁工作。

电磁吸盘控制电路包括整流、控制和保护3个部分。

整流部分通过整流变压器T_1把380 V电压变换为135 V电压，并通过桥式整流电路输出110 V直流电压，供给吸盘电磁铁。

电磁吸盘由转换开关SA_1控制。SA_1有3个位置："充磁""断电""退磁"。当SA_1置于"充磁"位置时，触点SA_1（105—108）与SA_1（106—109）接通，欠电流继电器KA线圈与YH串联后接入110 V直流电压。当吸盘电流足够大时，KA吸合，触点KA（3—4）闭合，表示电磁吸盘吸力足以将工件吸牢。此时可分别操作按钮SB_1与SB_2，启动M_1与M_3电动机进行磨削加工。当加工完成时，按下停止按钮SB_2与SB_4，M_1与M_3停止运转。

为方便从电磁吸盘上取下工件，需对工件先去磁，方法是将开关SA_1扳到"退磁"位置。此时触点SA_1（105—107）与SA_1（106—108）及SA_1（3—4）接通；反向电流通过可变电阻R_2、电磁吸盘构成回路，改变可变电阻R_2的大小，调节反向去磁电流大小，达到既能退磁又不致反向磁化的目的。

退磁结束后，及时将SA_1置于"断电"位置，此时SA_1的所有触点都断开。电磁吸盘断电后磁力消失，便可取下工件。若工件对去磁要求严格，采用交流去磁器将工件去磁。

当工作电流过小时，YH产生的电磁吸力小，可能造成工件因吸力不足而飞出导致事故，因此在电路中串联欠电流继电器。当正常工作时，KA触点闭合，如果工作电流小，欠电流继电器KA触点（3—4）断开，KM_1、KM_2线圈断电，M_1、M_2、M_3电动机立即停止旋转避免事故发生。FU_4为短路保护，电阻R_1与电容器C组成保护电路，实现整流装置的过电压保护。电磁吸盘线圈匝数多，电感量大，在通电工作时，线圈中存储磁场能量较大，当转换开关SA_2动作时会产生很大的感应电动势。因此，在吸盘线圈两端并联了电阻R_3作为放电电阻，吸收吸盘线圈存储的能量。

4. 照明电路

为保证工作安全，照明电路由照明变压器T_2将电压降为24 V，由开关SA_2控制照明灯HL。在照明变压器的一次侧接有熔断器FU_3做短路保护。

（三）常见故障分析

磨床加工需要长时间连续运转，出现故障比较多，下面介绍几种常见电气故障和故障的处理办法。

1. 电磁吸盘无吸力

电磁吸盘无吸力由控制电路断路导致，需重点检查电磁吸盘回路，具体如表5-2-1所示。

表 5-2-1　电磁吸盘无吸力故障处理

序号	故障原因	判断方法	处理方法
1	YH 线圈断路	用万用表测量电阻值	更换线圈
2	KA 线圈断路	用万用表测量电阻值	更换继电器
3	熔断器烧坏	用万用表测量熔体及各元件阻值	查找原因并更换熔体
4	整流桥烧坏	用万用表测量电阻值	更换整流桥
5	转换开关损坏	用万用表测量各触点电阻值	更换转换开关

2. 3 台电动机均不能启动

3 台电动机均不能启动，这不可能是对应控制电路出问题，应该是共用电路部分出问题，具体如表 5-2-2 所示。

表 5-2-2　3 台电动机均不能启动故障处理

序号	故障原因	判断方法	处理方法
1	转换开关触点烧坏	用万用表测量电阻值	更换转换开关
2	熔断器 FU、FU_2 烧坏	用万用表测量电阻值	更换熔断器并检查原因
3	热继电器常闭触点损坏	用万用表测量电阻值	更换热继电器
4	欠电流继电器 KA 的常开触点接触不良	用万用表测量电阻值	更换欠电流继电器
5	转换开关 SA_1 的触点（3—4）接触不良、接线松脱或有油垢	用万用表测量各触点电阻值	更换转换开关

3. 砂轮电动机的热继电器 FR_1 经常动作

这种故障的原因：一是电动机过载；二是电动机或热继电器故障。采用的判断方法如表 5-2-3 所示。

表 5-2-3 砂轮电动机的热继电器 FR_1 经常动作故障处理

序号	故障原因	判断方法	处理方法
1	M_1 轴承磨损后发生堵转现象，使电流增大，导致热继电器动作	检查轴承，空载试听声音	更换轴承
2	砂轮进刀量太大，电动机超负荷运行	减少进刀量检验	选择合适的进刀量，防止电动机超载运行
3	热继电器规格选得太小或整定电流过小	用钳表测量电流值	更换或重新整定热继电器
4	电动机绕组匝间短路	用钳表测量电流值	更换绕组或电动机

参 考 文 献

[1] 王传艳，孔杰. 低压电器控制线路安装［M］. 北京：北京师范大学出版社，2017.

[2] 施俊杰. 低压电器技术与应用［M］. 北京：高等教育出版社，2021.

[3] 吴春诚. 电气控制与 PLC 应用［M］. 北京：北京理工大学出版社，2021.

[4] 伍金浩，曾庆乐. 电气控制与 PLC 应用技术［M］. 北京：电子工业出版社，2022.

[5] 杜德昌，宋丽娜. 电气控制线路安装与检修［M］. 北京：高等教育出版社，2015.

[6] 王传艳，武娟. 低压电器控制与 PLC［M］. 北京：北京师范大学出版社，2015.

[7] 范次猛. 机床电气安装与调试技术（第 2 版）［M］. 北京：北京理工大学出版社，2019.

[8] 沈柏民. 低压电气控制设备［M］. 北京：电子工业出版社，2015.

[9] 张春青，于桂宾. 机床电气控制系统维护［M］. 北京：电子工业出版社，2012.

[10] 袁忠，申爱民. 机床电气控制系统运行与维护［M］. 北京：电子工业出版社，2010.

[11] 黄海平，黄鑫. 电动机控制电路及应用［M］. 北京：科学出版社，2009.

[12] 宋健雄. 低压电气设备运行与维修［M］. 北京：高等教育出版社，2007.

[13] 姜姗，周浩，魏颖. 电器学［M］. 北京：北京理工大学出版社，2021.

[14] 章世清. 工厂常用电器与工厂供电［M］. 北京：北京理工大学出版社，2009.

目录

项目1　三相异步电动机连续运转控制电路的安装与调试 …………………………………… 1

　　任务1　认识基本的低压电器 ……………………………………………………………… 1

　　任务2　点动控制电路的安装与调试 ……………………………………………………… 6

　　任务3　连续运转控制电路的安装与调试 ………………………………………………… 14

　　任务4　两台电动机的顺序启动/逆序停止控制电路的安装与调试 …………………… 21

项目2　三相异步电动机正反转控制电路的安装与调试 …………………………………… 29

　　任务1　交流接触器联锁正反转控制电路的安装与调试 ………………………………… 29

　　任务2　按钮、交流接触器双重联锁正反转控制电路的安装与调试 ………………… 37

　　任务3　自动往返正反转控制电路的安装与调试 ………………………………………… 45

项目3　三相异步电动机降压启动控制电路的安装与调试 ………………………………… 53

　　任务1　自耦变压器降压启动控制电路的安装与调试 …………………………………… 53

　　任务2　Y-△降压启动控制电路的安装与调试 …………………………………………… 60

项目4　三相异步电动机调速与制动控制电路的安装与调试 ……………………………… 71

　　任务1　电磁抱闸制动控制电路的安装与调试 …………………………………………… 71

任务 2 反接制动控制电路的安装与调试 ·· 79

任务 3 电动机能耗制动控制电路的安装与调试 ······································ 86

任务 4 双速电动机控制电路的安装与调试 ·· 94

项目 5 常用生产机械设备电气控制线路的分析与故障检修 ················ 101

任务 1 CA6140 型车床电气控制线路的分析与故障检修 ························· 101

任务 2 M7130 型平面磨床电气控制线路的分析与故障检修 ···················· 110

项目 1

三相异步电动机连续运转控制电路的安装与调试

任务 1　认识基本的低压电器

任务工作页

班级：_____　　　姓名：_____

一、任务准备

（一）回顾知识，完成以下问题

(1) 常见的万用表有_____和_____两种，_____万用表测量结果可以在表盘读出。

(2) 指针式万用表在使用前应先检查指针是否指在零点；若不在零点，应先进行_____。

(3) 用万用表测量电阻时，每次开始测量或更换挡位时都要进行_____调零。

(4) 测量电阻时，以万用表的指针偏转到电阻挡_____位置时为合适量程，测量结果比较准确。

(5) 指针式万用表的读数：被测电阻大小＝_____×_____。

（二）课前学习，并完成下面内容

(1) 低压电器通常是指在电压_____以下工作的电器，是一种能根据外界的信号和要求，手动或自动地接通、断开电路，以实现对电路或电气设备的切换、_____、_____、检测和调节的工业电器。

（2）低压断路器又称为_____，它的功能相当于_____、_____、_____和欠电压继电器等电器部分或全部的功能总和。

（3）按钮是一种最常用的_____电器，主要用于接通或断开_____电路，以使交流接触器、继电器等电器的_____通电或断电，达到控制这些电器的目的。按下复合按钮时，常开触点_____，常闭触点_____。

二、任务实施

（一）认识低压电器

根据图 1-1-1 所示低压电器元件实物图，在表 1-1-1 中填写相应的电器名称及文字符号。

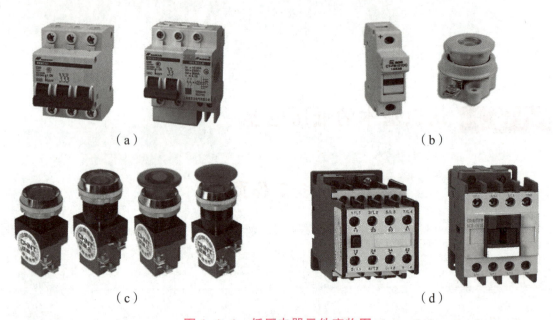

图 1-1-1　低压电器元件实物图

表 1-1-1　初识低压电器

序号	电器名称	文字符号
（a）		
（b）		
（c）		
（d）		

（二）低压电器的检测

1. 断路器

（1）外观检查。检查断路器外壳是否完好，有无破损，接线端子是否完整。

（2）手动检测。扳动开关，动作是否灵活，有无卡阻，是否到位。

（3）万用表检测。万用表拨到欧姆挡的 $R \times 1$ 挡，将红、黑表笔短接，通过调零按钮将指针调整到 0。在断路器分断和闭合两种状态下分别测量 3 对接线端子。万用表拨到欧姆挡的 $R\times 1k$ 挡，调零后再测量相间端子绝缘，将测量数值记入表 1-1-2 中，并判断断路器质量。

表 1-1-2 断路器的检测

测量项目	万用表挡位	分断	闭合	性能检测结果
U 相				
V 相				
W 相				
UV 相间				
VW 相间				

2. 熔断器

（1）外观检查。检查熔断器外壳是否完好，有无破损，接线端子是否完整；检查熔体是否破裂，熔丝是否断路。

（2）万用表检测。用万用表欧姆挡的 $R\times 1$ 挡并调零，测量两端子。如果阻值不正常，可以拆下熔体测量，将测量数值记入表 1-1-3 中，并判断熔断器质量。

表 1-1-3 熔断器的检测

测量项目	万用表挡位	整体测量	熔体	性能检测结果
熔断器 1				
熔断器 2				
熔断器 3				

3. 按钮

（1）外观检查。检查按钮外壳是否完好，有无破损，接线端子是否完整。

（2）手动检测。按下按钮，动作是否灵活，有无卡阻，是否到位。

（3）万用表检测。用万用表欧姆挡的 $R\times 1$ 挡并调零，在常态下分别测量常开与常闭触点的电阻值；再按下按钮，分别测量常开与常闭触点的电阻值；将测量数值记入表 1-1-4 中，并判断按钮质量。

表 1-1-4 按钮的检测

测量项目		万用表挡位	常态测量	按下按钮测量	性能检测结果
按钮 1	常开触点				
	常闭触点				
按钮 2	常开触点				
	常闭触点				

4. 交流接触器

（1）外观检查。检查交流接触器外壳是否完好，有无破损，接线端子是否完整。

（2）手动检测。按下触点支架，动作是否灵活，有无卡阻，是否到位。

（3）万用表检测。用万用表欧姆挡的 $R×1$ 挡并调零，在常态下分别测量常开与常闭触点的电阻值，再按下触点支架，分别测量常开与常闭触点的电阻值。用合适的挡位测量线圈阻值，将测量数值记入表1-1-5中，并判断交流接触器质量。

表1-1-5 交流接触器的检测

测量项目	万用表挡位	常态	按下触点支架	性能检测结果
L_1、T_1				
L_2、T_2				
L_3、T_3				
辅助触点1				
辅助触点2				
辅助触点3				
辅助触点4				
线圈				

三、任务评价

请根据任务实施情况进行自检和小组互检，并填写在表1-1-6中。

表1-1-6 低压电器的识读与检测任务评价

评价项目	评价内容	自检得分	互检得分
职业素养 （30分）	1. 严格遵守操作规程		
	2. 任务完成后，分类放置工具及元器件，整理工位		
	3. 操作不当造成器件损坏，发生短路、跳闸		
工作准备 （20分）	1. 正确选用仪表工具		
	2. 正确识读元器件		
电器检测 （40分）	电器检测方法正确，每错一处扣2分		
故障排除 （10分）	准确排除元器件存在的故障		

项目1　三相异步电动机连续运转控制电路的安装与调试

四、思考与拓展

1. 根据任务完成情况进行总结分析，并完成表1-1-7

表1-1-7　收获与总结

项目	具体内容
通过此任务我学习了哪些知识？	
通过此任务我收获了哪些技能？	
在此任务学习中我存在的问题有哪些？	
在今后的学习中我还有哪些需要改进的地方？	

2. 思考题

（1）请查阅资料，了解熔断器的常见故障及检修方法。

_____
_____
_____
_____
_____

（2）交流接触器频繁操作后线圈为什么会过热？其衔铁卡住后会出现什么后果？

_____
_____
_____
_____
_____
_____

3. 拓展阅读

低压电器

低压电器通常是指在交流电压1 200 V或直流电压1 500 V以下工作的电器。在生产生活中常见的低压电器有闸刀开关、熔断器、按钮、交流接触器、继电器等，用以实现负载的接通、切断、保护等控制功能。

低压电器按动作方式可分为手动电器和自动电器两大类。手动电器是依靠外力直接操作来进行切换的电器，如闸刀开关、按钮开关等；自动电器是依靠指令或物理量变化而自动动作的电器，如交流接触器、继电器等。

低压电器主要有感测和执行两个基本部分。感测部分感测外界的信号，做出有规律的反应。例如，按钮，感测人发出的控制指令，交流接触器感测的是送到线圈的控制电压。执行部分是根据感测结果进行电路的接通或切断。例如，按钮根据感测人发出的控制指令触点闭合或断开，交流接触器的触点闭合或断开。

由于国民经济的发展和现代工业自动化发展的需要，新技术、新工艺、新材料研究与应用的发展，低压电器正朝着高性能、高可靠性、小型化、数模化、模块化、组合化和零部件通用化的方向发展。部分低压电器实物图如图1-1-2所示。

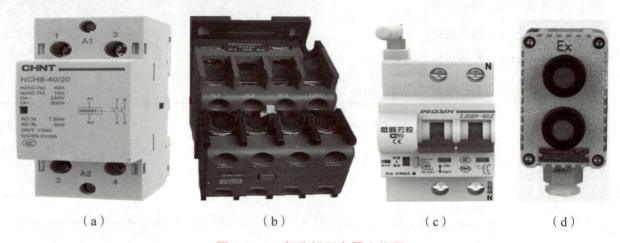

图1-1-2　部分低压电器实物图

（a）家用小型交流接触器；（b）交流接触器添加扩展模块；
（c）远程控制断路器；（d）防爆按钮

任务2　点动控制电路的安装与调试

任务工作页

班级：_____　　　　姓名：_____

一、任务准备

（一）回顾知识，完成以下问题

（1）交流接触器主要由_____、_____、_____和_____等组成。

（2）当交流接触器线圈通电时其_____触点会闭合，_____触点会断开。

（3）熔断器主要由_____和安装熔体的_____组成。

（4）按下复合按钮时其常开触点_____，常闭触点_____。

（5）绘制下列元器件的图形及文字符号。

☐	☐	☐	☐
断路器	熔断器	交流接触器	按钮

（二）课前学习，并完成下面内容

（1）电动机的点动控制是用_____和_____来控制电动机运转的最简单的单向运转控制线路，电动机的运行时间由按下_____的时间决定，只要按下电动机就转动，松开则电动机停止动作。

（2）在电气原理图中，交流接触器的主触点绘制在_____电路中，而辅助触点和线圈绘制在_____电路中。

二、任务实施

（一）点动控制电路的分析

（1）请分析图1-2-1所示的电动机点动控制电路原理图，并写出其工作过程。

_____
_____
_____
_____
_____
_____
_____
_____

（2）请分析电路中的保护措施。

_____
_____
_____
_____
_____
_____
_____

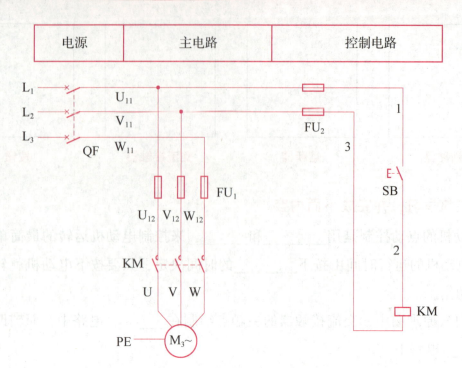

图 1-2-1 电动机点动控制电路原理图

（二）点动控制电路的安装与调试

（1）请根据图 1-2-1 所示的电动机点动控制电路原理图，选择电路安装所需的低压电器，明确其型号规格、数量等，并进行性能检测，完成表 1-2-1。

表 1-2-1 元器件清单

序号	文字符号	名称	型号规格	数量	性能检测结果
1					
2					
3					
4					
5					
6					
7					

（2）请根据图 1-2-1 所示的电动机点动控制电路原理图，将图 1-2-2 所示的电动机点动控制电路元件布置图补充完整。

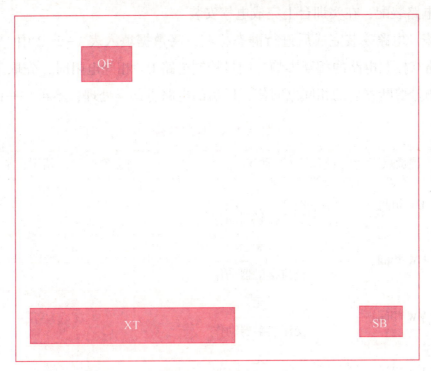

图 1-2-2 电动机点动控制电路元件布置图

（3）请根据图 1-2-1 所示的电动机点动控制电路原理图，完成 1-2-3 所示的电动机点动控制电路实物接线图。

具体要求：使用直尺等工具规范手绘；电路接线横平竖直，无交叉，符合电气规范，为实训做好准备。

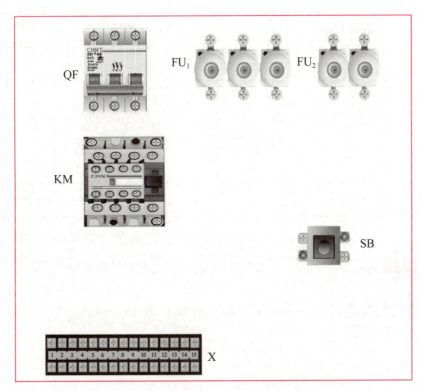

图 1-2-3 电动机点动控制电路实物接线图

(4)完成电路装配,在实训台上完成电气安装。

(5)自检表。电路安装完成后进行静态检测,将数据填入表 1-2-2 中。需要注意的是,为了避免主电路与控制电路的相互影响,测量控制电路 UV 相间电阻时,先取下控制电路熔断器的熔体,再测量熔断器后的相间电阻值,以后的电路也这样处理,不再一一说明。

表 1-2-2　电路自检

电路测量	测量点	动作	阻值	是否正常	核对人
主电路	UV 相间	无			
		交流接触器动作			
	UW 相间	无			
		交流接触器动作			
	VW 相间	无			
		交流接触器动作			
控制电路	UV 相间	无			
		SB 动作			

经检测,电路可以通电试车,批准人:_____。

(6)在检测与调试中是否遇到故障?是何种故障现象?其产生的原因是什么?应如何排除?请将实际情况填入表 1-2-3 中。

表 1-2-3　常见故障分析及排除

序号	故障现象	产生原因	排除方法
1			
2			
3			
4			
5			

三、任务评价

请根据任务实施情况进行自检和小组互检,并填写表 1-2-4。

表 1-2-4　点动控制电路安装与调试任务评价

评价项目	评价内容	自检得分	互检得分
职业素养 （5分）	1. 严格遵守操作规程		
	2. 任务完成后，分类清理处置工具、材料、废料，整理工位		
	3. 操作不当造成元器件损坏，发生短路、跳闸		
工作准备 （7分）	1. 正确选用仪表工具		
	2. 正确选用元器件		
	3. 正确配线		
电器检测 （10分）	电器检测方法正确，每错一处扣2分		
安装元件 （8分）	安装整齐、合理、牢固、无损坏，每出现一处错误、不牢固和人为器件损坏扣2分		
布线工艺 （40分）	1. 按图接线施工		
	2. 配线颜色和线径选择正确，集中归边、贴面走线，配线横平竖直、无交叉，每出现一处交叉扣2分		
	3. 规范使用号码管，且标注一致清晰，每错一处扣2分		
	4. 接线端连接规范、可靠、牢固，无绝缘损伤和露铜（大于2 mm），每裸露一处扣2分		
	5. 所有多股软导线使用冷压端子压接		
	6. 接地完整可靠		
静态检测与通电试车 （20分）	1. 正确完成检测，及时排除施工错误		
	2. 热继电器整定合格，熔体选择正确		
	3. 一次通电试车成功，每失败一次扣5分		
故障排除 （10分）	准确排除设置的故障，每遗漏一处扣2分		

四、思考与拓展

1. 根据任务完成情况进行总结分析，并完成表 1-2-5

表 1-2-5 收获与总结

项目	具体内容
通过此任务我学习了哪些知识？	
通过此任务我收获了哪些技能？	
在此任务学习中我存在的问题有哪些？	
在今后的学习中我还有哪些需要改进的地方？	

2. 思考题

（1）何为点动控制电路？在实际生产中，点动控制电路应用在哪些场合？

_____
_____
_____
_____
_____
_____

（2）请查阅资料，简述点动控制电路的常见故障及处理方法。

_____
_____
_____
_____
_____
_____
_____

3. 拓展阅读

北斗卫星导航

北斗卫星导航系统（以下简称"北斗系统"，如图 1-2-4 所示）是中国着眼于国家安全和经济社会发展需要，自主建设运行的全球卫星导航系统，可以为全球用户提供全天候、全天时、高精度的定位、导航和授时服务的国家重要时空基础设施。

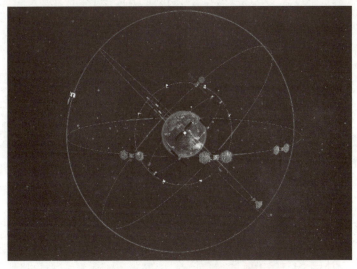

图 1-2-4 北斗卫星导航系统

北斗系统由空间段、地面段和用户段 3 部分组成。空间段采用 3 种轨道卫星组成的混合星座，与其他卫星导航系统相比高轨卫星更多，抗遮挡能力强，尤其是在低纬度地区性能优势更为明显。北斗系统可以提供多个频点的导航信号，能够通过多频信号组合使用等方式提高服务精度。北斗系统还创新融合了导航与通信能力，具备定位导航授时、星基增强、地基增强、精密单点定位、短报文通信和国际搜救等多种服务能力。北斗系统实现了与世界其他卫星导航系统的兼容与互操作，目前已经在交通运输、农林渔业、水文监测、气象测报、通信授时、电力调度、救灾减灾、公共安全等领域得到广泛应用，产生了显著的经济效益和社会效益。

北斗系统是中国实施改革开放 40 余年来取得的重要成就之一，是中华人民共和国成立 70 年来取得的重大科技成就之一，是中国贡献给世界的全球公共服务产品，可以为全球用户提供更高性能、更加可靠和更加丰富的服务。

基于北斗系统的导航服务已被电子商务、移动智能终端制造、位置服务等厂商采用，广泛进入中国大众消费、共享经济和民生领域，应用的新模式、新业态、新经济不断涌现，深刻影响着人们的生产生活方式。中国将持续推进北斗应用与产业化发展，服务国家现代化建设和百姓日常生活，为全球科技、经济和社会发展做出贡献。

任务3　连续运转控制电路的安装与调试

任务工作页

班级：_____　　姓名：_____

一、任务准备

（一）回顾知识，完成以下问题

（1）点动控制是最简单的_____的控制线路，其电路基本由_____、_____、_____和_____组成。

（2）电动机实现转动是靠按下_____，使交流接触器的_____通电，从而使交流接触器的_____闭合，使三相交流电进入电动机绕组，驱动电动机转动。

（二）课前学习，并完成下面内容

（1）实现电动机由点动控制到连续转动控制的关键在于在_____电路中接入_____触点。

（2）在电路中使用热继电器是为了保证电路在正常工作过程中具有（　　）保护效果。

　　A. 过电流　　　　　　B. 过载　　　　　　C. 失压、欠压

（3）常用的短路保护的电器是（　　），常用作过载保护的电器是（　　）。

　　A. 熔断器　　　　B. 交流接触器　　　　C. 热继电器　　　　D. 复合按钮

（4）在电气原理图中，热继电器的热元件要串接在_____中，常闭触点要串接在_____中。

二、任务实施

（一）连续运转控制电路的分析

（1）请分析图1-3-1所示的连续运转控制电路原理图，并写出其工作过程。

_____
_____
_____
_____
_____

(2)请分析自锁在该电路中的作用。

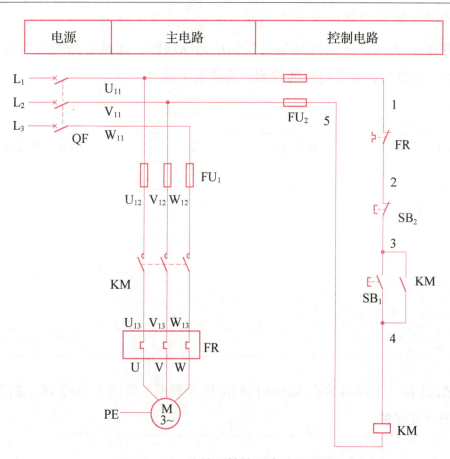

图 1-3-1 连续运转控制电路原理图

(3)检测热继电器。

①外观检查。检查热继电器外壳是否完好,有无破损,接线端子是否完整。

②手动检测。按下复位开关,动作是否灵活,有无卡阻,是否到位。

③万用表检测。用万用表欧姆挡的 $R×1$ 挡并调零,测量三对热元件。在常态下分别测量常开与常闭触点的电阻值;再按下复位开关,分别测量常开与常闭触点的电阻值,将测量数值记入表 1-3-1 中并判断热继电器的质量。

表 1-3-1　断路器的检测

测量项目	万用表挡位	常态	按下复位开关	性能检测结果
辅助触点 95、96				
辅助触点 97、98				
L_1、T_1				
L_2、T_2				
L_3、T_3				

（二）连续运转控制电路的安装与调试

（1）请根据图 1-3-1 所示的连续运转控制电路原理图，选择电路安装所需的低压电器，明确其型号规格、数量等，并进行性能检测，完成表 1-3-2。

表 1-3-2　元器件清单

序号	文字符号	名称	型号规格	数量	性能检测结果
1					
2					
3					
4					
5					
6					
7					

（2）请根据图 1-3-1 所示的连续运转控制电路原理图，将图 1-3-2 所示的连续运转控制电路元件布置图补充完整。

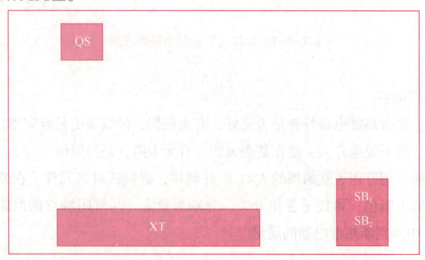

图 1-3-2　连续运转控制电路元件布置图

(3) 请根据图 1-3-1 所示的连续运转控制电路原理图，完成图 1-3-3 所示的连续运转控制电路实物接线图。

具体要求：使用直尺等工具规范手绘；电路接线横平竖直，无交叉，符合电气规范。

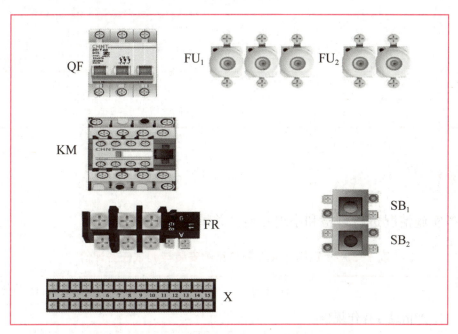

图 1-3-3 连续运转控制电路实物接线图

(4) 自检表。电路安装完成后进行静态检测，将数据填入表 1-3-3 中。

表 1-3-3 电路自检

电路测量	测量点	动作	阻值	是否正常	核对人
主电路	UV 相间	无			
		交流接触器动作			
	UW 相间	无			
		交流接触器动作			
	VW 相间	无			
		交流接触器动作			
控制电路	UV 相间	无			
		SB_1 动作			
		SB_1、SB_2 同时动作			
		SB_1、FR 动作			

经检测，电路可以通电试车，批准人：_____。

(5) 在检测与调试中是否遇到故障？是何种故障现象？其产生的原因是什么？应如何排除？请将实际情况填入表 1-3-4 中。

表 1-3-4 常见故障分析及排除

序号	故障现象	产生原因	排除方法
1			
2			
3			
4			
5			

三、任务评价

请根据任务实施情况进行自检和小组互检，并填写表 1-3-5。

表 1-3-5 连续运转控制电路的安装与调试任务评价

评价项目	评价内容	自检得分	互检得分
职业素养（5分）	1. 严格遵守操作规程		
	2. 任务完成后，分类清理处置工具、材料、废料，整理工位		
	3. 操作不当造成器件损坏，发生短路、跳闸		
工作准备（7分）	1. 正确选用仪表工具		
	2. 正确选用元器件		
	3. 正确配线		
电器检测（10分）	电器检测方法正确，每错一处扣2分		
安装元件（8分）	安装整齐、合理、牢固、无损坏，每出现一处错误、不牢固和人为器件损坏扣2分		
布线工艺（40分）	1. 按图接线施工		
	2. 配线颜色和线径选择正确，集中归边、贴面走线，配线横平竖直、无交叉，每出现一处交叉扣2分		
	3. 规范使用号码管，且标注一致清晰，每错一处扣2分		
	4. 接线端连接规范、可靠、牢固，无绝缘损伤和露铜（大于2 mm），每裸露一处扣2分		
	5. 所有多股软导线使用冷压端子压接		
	6. 接地完整可靠		

续表

评价项目	评价内容	自检得分	互检得分
静态检测与通电试车（20分）	1. 正确完成检测，及时排除施工错误 2. 热继电器整定合格，熔体选择正确 3. 一次通电试车成功，每失败一次扣5分		
故障排除（10分）	准确排除设置的故障，每遗漏一处扣2分		

四、思考与拓展

1. 根据任务完成情况进行总结分析，并完成表 1-3-6

表 1-3-6　收获与总结

项目	具体内容
通过此任务我学习了哪些知识？	
通过此任务我收获了哪些技能？	
在此任务学习中我存在的问题有哪些？	
在今后的学习中我还有哪些需要改进的地方？	

2. 思考题

（1）在单向连续运转控制电路中，如果按下按钮 SB_1，电动机不运行，其故障可能在哪里？应如何排除？

_____
_____
_____
_____
_____
_____
_____
_____

(2) 设计实现点动与连续运转混合控制的电路。

①电路原理图。

②工作过程。

_____
_____
_____
_____
_____
_____

3. 拓展阅读

C919 飞机

据报道，2023 年新年第一天，东航全球首架 C919 国产大飞机执行航班号为 MU7809 的验证飞行航班，从上海虹桥机场飞往北京大兴国际机场。

C919 作为我国自主研发的新一代单通道干线客机，采用先进的气动布局和新一代超临界机翼等气动力设计技术，采用先进的结构设计技术和较大比例的先进金属材料及复合材料等最先进技术，完成了大型客机设计、制造、试验、试飞以及适航取证全过程，是第一款真正意义上的民航大飞机。C919 从最初立项研制到生产制造，突破了多项关键技术，标志着我国已经具备了按照国际通行适航标准研制大型客机的能力。图 1-3-4 为国产 C919 大飞机。

C919 于 2008 年开始研制，C 是 "China" 的首字母，也是商飞英文缩写 "COMAC" 的首字母，第一个 9 的寓意是天长地久，代表永久永恒，最后两个数字 19 代表的是中国首架大型客机最大载客量为 190 人。C919 客机实际总长 38 m，翼展 35.8 m，高度 12 m，其基本型布局为 168 座。标准航程为 4 075 km，最大航程为 5 555 km，经济寿命达 9 万飞行小时，属中短途商用机。C919 大型客机是建设创新型国家的标志性工程，机体具有完全自主知识产权。目前中国民航局已向中国商飞公司颁发了有关 C919 的生产许可证，意味着 C919 将从设计研制阶段，转向批量生产阶段，全球首架机正式交付中国东方航空。

图 1-3-4　国产 C919 大飞机

任务 4　两台电动机的顺序启动/逆序停止控制电路的安装与调试

任务工作页

班级：_____　　姓名：_____

一、任务准备

（一）回顾知识，完成以下问题

（1）电动机点动控制中，在控制电路中加入_____触点，则可实现对电动机的连续运行控制。

（2）电动机单向连续运转控制的工作原理是，在点动控制电路的基础上给启动按钮_____了交流接触器的_____触点，使启动按钮复位后，交流接触器的线圈通过其辅助触点实现_____。

（二）课前学习，并完成下面内容

（1）在机械生产中，车床正常工作时一般在主轴转动前会先使油泵给主轴提供润滑油进行润滑，当主轴停止工作后，油泵继续供油，润滑冷却后再停止，那么在电路控制时就要使控制_____的电动机先启动，然后再启动控制_____的电动机，结束时先使控制_____的电动机停止，再使控制_____的电动机停止，从而实现两台电动机顺序启动/逆序停止的功能。

（2）实现两台电动机顺序启动/逆序停止的关键在于，在电路设计中要求 KM_1 动作后 KM_2

才能动作，因此在控制电动机 M_2 的电路中_____联 KM_1 的一对_____触点；要求 KM_2 停止后 KM_1 才能停止，则需要在控制电动机 M_1 的控制电路中_____联 KM_2 的一对_____触点。

二、任务实施

（一）两台电动机的顺序启动/逆序停止控制电路的分析

（1）请分析图 1-4-1 所示两台电动机的顺序启动/逆序停止控制电路原理图，并写出其工作过程。

（2）请简述在控制电路中实现两台电动机顺序启动的关键设计。

（3）请简述在控制电路中实现两台电动机逆序停止的关键设计。

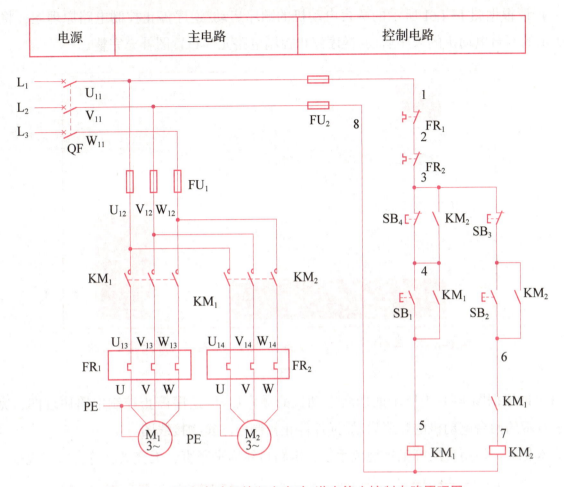

图 1-4-1　两台电动机的顺序启动/逆序停止控制电路原理图

（二）两台电动机的顺序启动/逆序停止控制电路的安装与调试

（1）请根据图 1-4-1 所示的两台电动机的顺序启动/逆序停止控制电路原理图，选择电路安装所需的低压电器，明确其型号规格、数量等，并进行性能检测，完成表 1-4-1。

表 1-4-1　元器件清单

序号	文字符号	名称	型号规格	数量	性能检测结果
1					
2					
3					
4					
5					
6					
7					

（2）请根据图 1-4-1 所示的两台电动机的顺序启动/逆序停止控制电路原理图，将图 1-4-2 所示的两台电动机的顺序启动/逆序停止控制电路元件布置图补充完整。

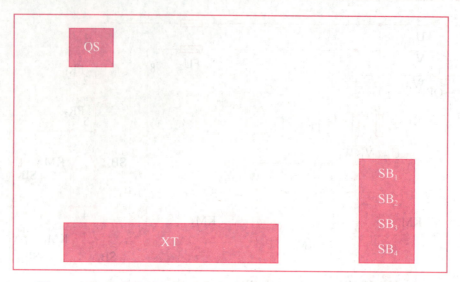

图 1-4-2　两台电动机的顺序启动/逆序停止控制电路元件布置图

（3）请根据图 1-4-1 所示的两台电动机的顺序启动/逆序停止控制电路原理图，完成图 1-4-3 所示的两台电动机的顺序启动/逆序停止控制电路实物接线图。

具体要求：使用直尺等工具规范手绘；电路接线横平竖直，无交叉，符合电气规范。

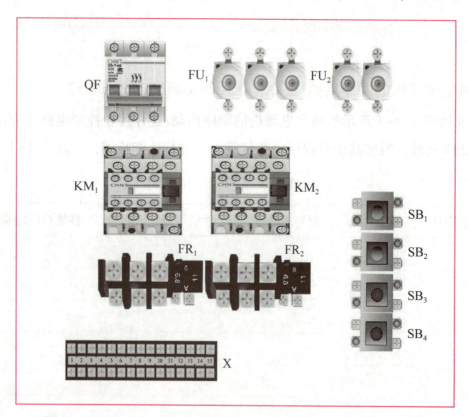

图 1-4-3　两台电动机的顺序启动/逆序停止控制电路实物接线图

（4）自检表。电路安装完成后进行静态检测，将数据填入表1-4-2中。

表1-4-2　电路自检

电路测量	测量点	动作	阻值	是否正常	核对人
主电路	UV 相间	无			
		交流接触器动作			
	UW 相间	无			
		交流接触器动作			
	VW 相间	无			
		交流接触器动作			
控制电路	UV 相间	无			
		SB_1 动作			
		SB_1、SB_3 同时动作			
		SB_2 动作			
		SB_2、SB_4 同时动作			
		SB_1、FR_1 同时动作			
		SB_2、FR_2 同时动作			
		SB_2、KM_1 同时动作			

经检测，电路可以通电试车，批准人：_____。

（5）在检测与调试中是否遇到故障？是何种故障现象？其产生的原因是什么？应如何排除？请将实际情况填入表1-4-3中。

表1-4-3　常见故障分析及排除

序号	故障现象	产生原因	排除方法
1			
2			
3			
4			
5			

三、任务评价

请根据任务实施情况进行自检和小组互检，并填写表1-4-4。

表1-4-4 两台电动机的顺序启动/逆序停止控制电路的安装与调试任务评价

评价项目	评价内容	自检得分	互检得分
职业素养 （5分）	1. 严格遵守操作规程		
	2. 任务完成后，分类清理处置工具、材料、废料，整理工位		
	3. 操作不当造成器件损坏，发生短路、跳闸		
工作准备 （7分）	1. 正确选用仪表工具		
	2. 正确选用元器件		
	3. 正确配线		
电器检测 （10分）	电器检测方法正确，每错一处扣2分		
安装元件 （8分）	安装整齐、合理、牢固、无损坏，每出现一处错误、不牢固和人为器件损坏扣2分		
布线工艺 （40分）	1. 按图接线施工		
	2. 配线颜色和线径选择正确，集中归边、贴面走线，配线横平竖直、无交叉，每出现一处交叉扣2分		
	3. 规范使用号码管，且标注一致清晰，每错一处扣2分		
	4. 接线端连接规范、可靠、牢固，无绝缘损伤和露铜（大于2 mm），每裸露一处扣2分		
	5. 所有多股软导线使用冷压端子压接		
	6. 接地完整可靠		
静态检测与通电试车 （20分）	1. 正确完成检测，及时排除施工错误		
	2. 热继电器整定合格，熔体选择正确		
	3. 一次通电试车成功，每失败一次扣5分		
故障排除 （10分）	准确排除设置的故障，每遗漏一处扣2分		

四、思考与拓展

1. 根据任务完成情况进行总结分析，并完成表 1-4-5

表 1-4-5　收获与总结

项目	具体内容
通过此任务我学习了哪些知识？	
通过此任务我收获了哪些技能？	
在此任务学习中我存在的问题有哪些？	
在今后的学习中我还有哪些需要改进的地方？	

2. 思考题

（1）请根据生产要求完成电路设计，并画出电路原理图。

生产要求：①电动机启动顺序为 M_3、M_2、M_1，并有一定时间间隔，以防止货物在传送带上堆积；

②停车顺序为 M_1、M_2、M_3，也要有一定时间间隔，以保证停车后传送带上不留存货物；

③不论 M_3 或 M_2 哪一个出现故障，M_1 必须先停车，以免继续进料，造成货物堆积。

（2）请简述上述设计电路的工作过程。

3. 拓展阅读

PLC

PLC（Programmable Logic Controller）的中文是可编程逻辑控制器。使用可编程存储器存储指令，执行逻辑、顺序、计时、计数与计算等功能，并通过模拟或数字输入/输出组件控制各种机械或生产过程的装置。图1-4-4所示为PLC外形。

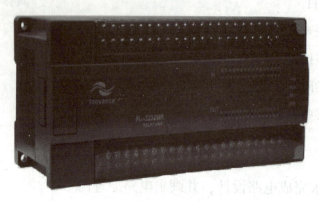

图1-4-4　PLC外形

PLC主要由中央处理器（CPU）、存储器、输入/输出接口和电源等组成。CPU是PLC的控制中心，其性能对PLC工作速度和效率有较大的影响，故大型PLC通常采用高性能的CPU。存储器的功能是存储系统程序、用户程序和程序运行时产生的数据，要有足够的容量存储程序。输入/输出接口是PLC与外围设备之间的连接部件，接受、执行外界的指令，发出输出控制信号，它们具有很好的电气隔离，避免相互影响。PLC的I/O接口点数是选择PLC的重要依据，要满足控制需要，而且输出接口类型根据负载确定。CPU、存储器、输入/输出接口通过数据总线、地址总线和控制总线进行通信，协调一致地工作。电源采用开关电源供电，大部分PLC对外提供24 V电源，用来供应传感器等小负载设备工作。

PLC采用集中采样、集中输出、按顺序循环扫描用户程序的方式工作，依据程序处理内存储单元中的数据，从而实现对设备的控制。PLC处于正常运行状态时，它将不断重复输入采样、程序执行和输出刷新3个阶段。当控制电路非常复杂时，用PLC代替传统的低压电器组成控制电路，具有非常高的效率，在工业装备、生产系统、重大基础设施的核心控制设备中应用广泛。

项目 2

三相异步电动机正反转控制电路的安装与调试

任务 1　交流接触器联锁正反转控制电路的安装与调试

任务工作页

班级：_____　　姓名：_____

一、任务准备

（一）回顾知识，完成以下问题

（1）交流接触器的文字符号是_____，作用是_____；熔断器的文字符号是_____，作用是_____；热继电器的文字符号是_____，作用是_____；低压断路器的文字符号是_____，它在电路发生_____、_____和_____等故障时，能自动切断故障电路。

（2）如何实现三相异步电动机的反转？

_____
_____
_____
_____
_____
_____

(3) 观察生活中哪些设备有运动部件的正反转。

_____

_____

_____

_____

_____

_____

(二) 课前学习,并完成下面内容

(1) 交流接触器联锁的正反转控制电路中,其联锁触点应是对方交流接触器的(　　)。

 A. 常开主触点   B. 常闭主触点   C. 常开辅助触点   D. 常闭辅助触点

(2) 在正反转控制电路中,起欠压保护作用的器件是(　　)。

 A. 交流接触器   B. 熔断器   C. 热继电器   D. 断路器

(3) 在操作交流接触器联锁正反转控制电路时,要使电动机从正转变为反转,正确的操作方式是(　　)。

 A. 可直接按下反转启动按钮

 B. 可直接按下正转启动按钮

 C. 必须先按下停止按钮,再按下反转启动按钮

 D. 以上答案都正确

(4) 电动机的正反转靠(　　)来实现。

 A. 正反转按钮控制   B. 正反转交流接触器

 C. 组合开关   D. 机械装置

(5) 交流接触器联锁正反转控制电路中有哪些保护环节?

_____

_____

_____

_____

_____

_____

_____

二、任务实施

（一）交流接触器联锁正反转控制电路的分析

（1）请分析图 2-1-1 所示交流接触器联锁正反转控制电路原理图，并写出其工作过程。

_____
_____
_____
_____

（2）请分析互锁在该电路中的作用。如何实现交流接触器互锁？

_____
_____
_____
_____

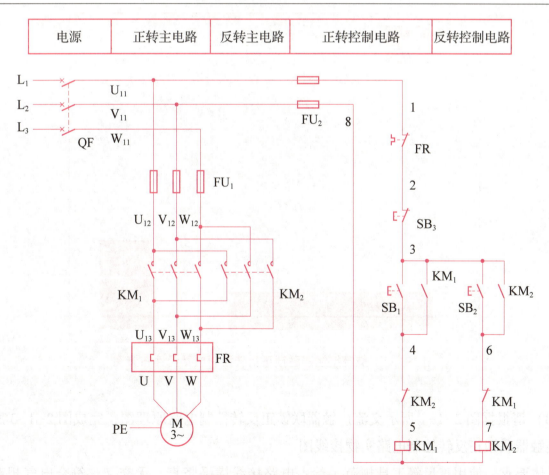

图 2-1-1 交流接触器联锁正反转控制电路原理图

(二) 交流接触器联锁正反转控制电路的安装与调试

(1) 请根据图 2-1-1 所示的交流接触器联锁正反转控制电路原理图，选择电路安装所需的低压电器，明确其型号规格、数量等，并进行性能检测，完成表 2-1-1。

表 2-1-1 元器件清单

序号	文字符号	名称	型号规格	数量	性能检测结果
1					
2					
3					
4					
5					
6					
7					

(2) 请根据图 2-1-1 所示的交流接触器联锁正反转控制电路原理图，将图 2-1-2 所示的交流接触器联锁正反转控制电路元件布置图补充完整。

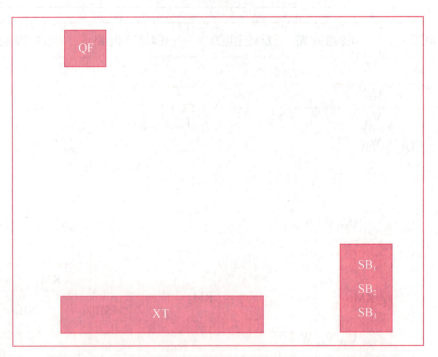

图 2-1-2 交流接触器联锁正反转控制电路元件布置图

(3) 请根据图 2-1-1 所示交流接触器联锁正反转控制电路原理图，完成图 2-1-3 所示的交流接触器联锁正反转控制电路实物接线图。

具体要求：使用直尺等工具规范手绘；电路接线横平竖直，无交叉，符合电气规范，为实训做好准备。

项目2　三相异步电动机正反转控制电路的安装与调试

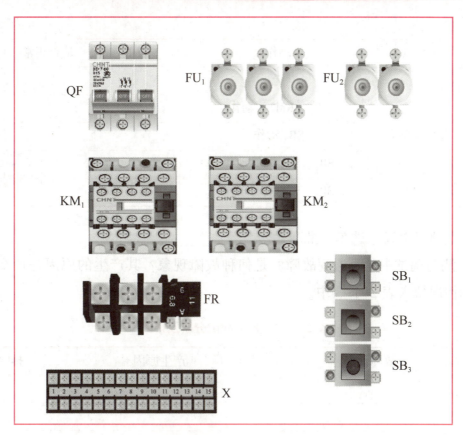

图 2-1-3　交流接触器联锁正反转控制电路实物接线图

（4）完成电路装配，在实训台上完成电气安装。

（5）静态检测。电路安装完成后进行静态检测，将数据填入表2-1-2中。

表 2-1-2　电路自检

电路测量	测量点	动作	阻值	是否正常	核对人
主电路	UV 相间	无			
		KM_1 交流接触器动作			
	UW 相间	无			
		KM_1 交流接触器动作			
	VW 相间	无			
		KM_1 交流接触器动作			
主电路	UV 相间	无			
		KM_2 交流接触器动作			
	UW 相间	无			
		KM_2 交流接触器动作			
	VW 相间	无			
		KM_2 交流接触器动作			

续表

电路测量	测量点	动作	阻值	是否正常	核对人
控制电路	UV 相间	无			
		SB$_1$（KM$_1$）动作			
		SB$_2$ 动作			
		SB$_1$、SB$_3$ 同时动作			
		SB$_2$、SB$_3$ 同时动作			

经检测，电路可以通电试车，批准人：_____。

（6）在检测与调试中是否遇到故障？是何种故障现象？其产生的原因是什么？应如何排除？请将实际情况填入表 2-1-3 中。

表 2-1-3 常见故障分析及排除

序号	故障现象	产生原因	排除方法
1			
2			
3			
4			
5			

三、任务评价

请根据任务实施情况进行自检和小组互检，并填写表 2-1-4。

表 2-1-4 交流接触器联锁正反转控制电路安装与调试任务评价

评价项目	评价内容	自检得分	互检得分
职业素养（5分）	1. 严格遵守操作规程		
	2. 任务完成后，分类清理处置工具、材料、废料，整理工位		
	3. 操作不当造成器件损坏，发生短路、跳闸		
工作准备（7分）	1. 正确选用仪表工具		
	2. 正确选用元器件		
	3. 正确配线		
电器检测（10分）	电器检测方法正确，每错一处扣2分		

续表

评价项目	评价内容	自检得分	互检得分
安装元件（8分）	安装整齐、合理、牢固、无损坏，每出现一处错误、不牢固和人为器件损坏扣2分		
布线工艺（40分）	1. 按图接线施工		
	2. 配线颜色和线径选择正确，集中归边、贴面走线，配线横平竖直、无交叉，每出现一处交叉扣2分		
	3. 规范使用号码管，且标注一致清晰，每错一处扣2分		
	4. 接线端连接规范、可靠、牢固，无绝缘损伤和露铜（大于2 mm），每裸露一处扣2分		
	5. 所有多股软导线使用冷压端子压接		
	6. 接地完整可靠		
静态检测与通电试车（20分）	1. 正确完成检测，及时排除施工错误		
	2. 热继电器整定合格，熔体选择正确		
	3. 一次通电试车成功，每失败一次扣5分		
故障排除（10分）	准确排除设置的故障，每遗漏一处扣2分		

四、思考与拓展

1. 根据任务完成情况进行总结分析，并完成表2-1-5

表2-1-5　收获与总结

项目	具体内容
通过此任务我学习了哪些知识？	
通过此任务我收获了哪些技能？	
在此任务学习中我存在的问题有哪些？	
在今后的学习中我还有哪些需要改进的地方？	

2. 思考题

（1）在控制电路接线时，误将正转交流接触器的常闭辅助触点接在了自己的线圈电路中，则通电试车时，会出现什么故障现象？

_____

_____

_____

（2）在通电试车时，合上断路器，按下正转启动按钮后，电动机正转，松开正转启动按钮，电动机就停转，其他操作都正常，请分析故障原因，并予以解决。

---

3. 拓展阅读

本质安全化

近年来，全国安全生产形势总体稳定明显向好，但是小事故频发。据统计，事故中人的因素占80%以上，为减少甚至杜绝安全事故，采取设备本质安全化是有效措施之一。

本质安全化是指通过设计手段使生产过程和产品性能本身具有防止危险发生的功能，即使在误操作的情况下也不会发生事故。交流接触器联锁正反转控制电路中，在两个线圈回路中分别串联对方的常闭互锁触点，防止在正转或反转时误按下反方向启动按钮，发生电源短路、烧坏电源及导线，甚至引发火灾、爆炸事故，产生人员伤亡及重大财产损失。本节电路中采用的互锁就是本质安全化设计。

在生产中广泛采用本质安全化设计，如在冲床操作中，为了防止冲压时伤人，采用双手启动。图2-1-4所示为某公司设计的双手同步启动方式。图2-1-4（a）为按钮支架实物图，在其两端各安装一个按钮，操作时需要两只手同时按下设备才会启动；图2-1-4（b）为电路原理图，两只常开按钮采用串联的方式，只有两个按钮都闭合，交流接触器KM线圈才能通电，电动机才能运行。这样有效防止了手臂因误操作而受到伤害，因此在生产中广泛采用。

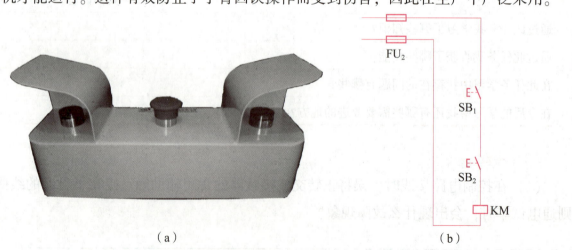

图2-1-4 双手同步启动方式

（a）按钮支架实物图；（b）电路原理图

任务 2 按钮、交流接触器双重联锁正反转控制电路的安装与调试

任务工作页

班级：_____   姓名：_____

一、任务准备

（一）回顾知识，完成以下问题

（1）按钮的文字符号是_____，作用是_____；交流接触器的文字符号是_____，作用是_____。

（2）在电动机的正反转控制电路中互锁的作用是什么？如果不使用互锁会出现什么后果？
_____
_____
_____
_____
_____
_____
_____

（3）请简要说明如何切换正反转电路。为什么需要这样操作？
_____
_____
_____
_____
_____
_____
_____

（二）课前学习，并完成下面内容

（1）在操作交流接触器、按钮双重联锁的正反转控制电路中，要使电动机从正转变为反转，正确的操作方法是（   ）。

　　A. 可直接按下反转启动按钮

　　B. 可直接按下正转启动按钮

C. 必须先按下停止按钮，再按下反转启动按钮

　　D. 以上答案都正确

（2）在电动机的正反转控制电路中，为了防止主触点熔焊而发生短路事故，应采用（　　）。

　　A. 按钮自锁　　　　　B. 交流接触器自锁　　　C. 按钮互锁　　　　　D. 交流接触器互锁

（3）为了减少操作步骤，采取了按钮互锁，交流接触器互锁的要求是（　　）。

　　A. 根本不需要　　　　　　　　　　　　　　B. 可以有，也可以没有

　　C. 必须有　　　　　　　　　　　　　　　　D. 以上答案都不对

二、任务实施

（一）按钮、交流接触器双重联锁正反转控制电路的分析

（1）请分析图 2-2-1 所示按钮、交流接触器双重联锁正反转控制电路原理图，并写出其工作过程。

_____
_____
_____
_____
_____
_____
_____
_____

（2）请分析按钮互锁在该电路中的作用。如何实现按钮、交流接触器双重互锁？

_____
_____
_____
_____
_____
_____
_____
_____

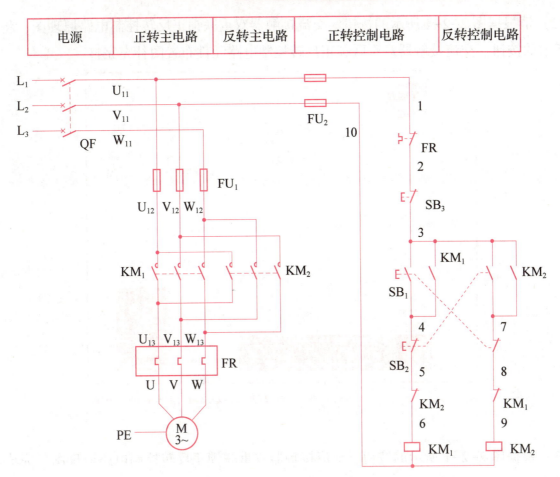

图 2-2-1　按钮、交流接触器双重联锁正反转控制电路原理图

(二) 按钮、交流接触器双重联锁正反转控制电路的安装与调试

(1) 请根据图 2-2-1 所示的按钮、交流接触器双重联锁正反转控制电路原理图，选择电路安装所需的低压电器，明确其型号规格、数量等，并进行性能检测，完成表 2-2-1。

表 2-2-1　元器件清单

序号	文字符号	名称	型号规格	数量	性能检测结果
1					
2					
3					
4					
5					
6					
7					
8					
9					
10					

（2）请根据图 2-2-1 所示的按钮、交流接触器双重联锁正反转控制电路原理图，将图 2-2-2 所示的按钮、交流接触器双重联锁正反转控制电路元件布置图补充完整。

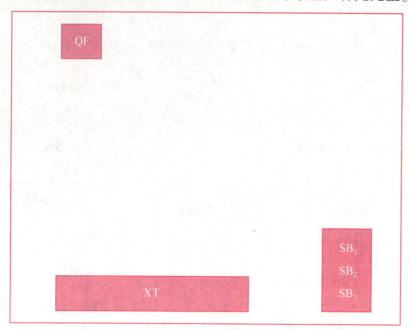

图 2-2-2　按钮、交流接触器双重联锁正反转控制电路元件布置图

（3）根据图 2-2-1 所示的按钮、交流接触器双重联锁正反转控制电路原理图，完成图 2-2-3 所示的按钮、交流接触器双重联锁正反转控制电路实物接线图。

具体要求：使用直尺等工具规范手绘；电路接线横平竖直，无交叉，符合电气规范。

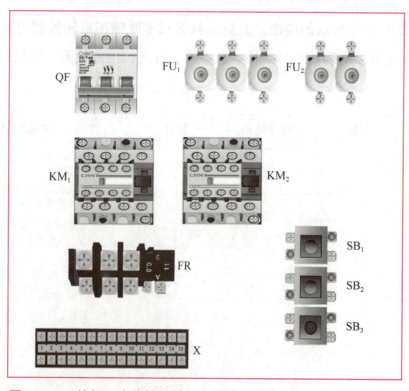

图 2-2-3　按钮、交流接触器双重联锁正反转控制电路实物接线图

项目2 三相异步电动机正反转控制电路的安装与调试

(4) 完成电路装配，在实训台上完成电气安装。

(5) 自检表。电路安装完成后进行静态检测，将数据填入表2-2-2中。

表2-2-2 电路自检

电路测量	测量点	动作	阻值	是否正常	核对人
主电路	UV 相间	无			
		KM_1 交流接触器动作			
	UW 相间	无			
		KM_1 交流接触器动作			
	VW 相间	无			
		KM_1 交流接触器动作			
主电路	UV 相间	无			
		KM_2 交流接触器动作			
	UW 相间	无			
		KM_2 交流接触器动作			
	VW 相间	无			
		KM_2 交流接触器动作			
控制电路	UV 相间	无			
		SB_1（KM_1）动作			
		SB_2（KM_2）动作			
		SB_1、SB_3 同时动作			
		SB_2、SB_3 同时动作			

经检测，电路可以通电试车，批准人：_____。

(6) 在检测与调试中是否遇到故障？是何种故障现象？其产生的原因是什么？应如何排除？请将实际情况填入表2-2-3中。

表2-2-3 常见故障分析及排除

序号	故障现象	产生原因	排除方法
1			
2			
3			
4			
5			

三、任务评价

请根据任务实施情况进行自检和小组互检，并填写表 2-2-4。

表 2-2-4　按钮、交流接触器双重联锁正反转控制电路安装与调试任务评价

评价项目	评价内容	自检得分	互检得分
职业素养 （5分）	1. 严格遵守操作规程		
	2. 任务完成后，分类清理处置工具、材料、废料，整理工位		
	3. 操作不当造成器件损坏，发生短路、跳闸		
工作准备 （7分）	1. 正确选用仪表工具		
	2. 正确选用元器件		
	3. 正确配线		
电器检测 （10分）	电器检测方法正确，每错一处扣2分		
安装元件 （8分）	安装整齐、合理、牢固、无损坏，每出现一处错误、不牢固和人为器件损坏扣2分		
布线工艺 （40分）	1. 按图接线施工		
	2. 配线颜色和线径选择正确，集中归边、贴面走线，配线横平竖直、无交叉，每出现一处交叉扣2分		
	3. 规范使用号码管，且标注一致清晰，每错一处扣2分		
	4. 接线端连接规范、可靠、牢固，无绝缘损伤和露铜（大于2 mm），每裸露一处扣2分		
	5. 所有多股软导线使用冷压端子压接		
	6. 接地完整可靠		
静态检测与通电试车 （20分）	1. 正确完成检测，及时排除施工错误		
	2. 热继电器整定合格，熔体选择正确		
	3. 一次通电试车成功，每失败一次扣5分		
故障排除 （10分）	准确排除设置的故障，每遗漏一处扣2分		

四、思考与拓展

1. 根据任务完成情况进行总结分析，并完成表 2-2-5

表 2-2-5　收获与总结

项目	具体内容
通过此任务我学习了哪些知识？	
通过此任务我收获了哪些技能？	
在此任务学习中我存在的问题有哪些？	
在今后的学习中我还有哪些需要改进的地方？	

2. 思考题

（1）在电路正转过程中，按下反转启动按钮，电动机仍保持正转，请分析故障原因，并予以解决。

（2）请对比分析按钮、交流接触器双重联锁正反转控制电路与交流接触器联锁正反转控制电路有何不同。

3. 拓展阅读

传感器

据中国雄安官网报道，2022 年 4 月 8 日，雄安新区智能网联汽车道路测试与示范应用启动仪式在雄安市民服务中心举行，这标志着雄安新区智能网联汽车道路测试与示范应用正式启动。首批参与测试的 18 辆无人驾驶汽车已经率先部署到位。2022 年年内，将有不少于 100

辆的各类型无人驾驶车辆在雄安新区开展道路测试和应用示范。

无人驾驶车辆能够正常运行的前提是传感器能够提供及时准确的信息，将安全作为第一准则，集超敏锐感知系统、紧急制动和人脸识别等高科技于一身。超高感度摄像头、超声波雷达、激光雷达、毫米波雷达等感知设备，可确保车辆安全行驶。在行驶过程中，车辆不仅能识别红绿灯、道路提示牌和车道标线等，还能在障碍物突然闯入时，在2 m内紧急刹车制动。遇行人和障碍物，会自动提前20 m减速。图2-2-4所示为首批参与测试的无人驾驶汽车。

图2-2-4　首批参与测试的无人驾驶汽车

传感器是一种检测装置，将被测量的信息按一定规律变换成为电信号输出，以满足信息的传输、处理、存储、显示、记录和控制等要求。其按功能可分为热敏元件、光敏元件、气敏元件、力敏元件、磁敏元件、湿敏元件、声敏元件、放射线敏感元件、色敏元件和味敏元件等大类。

传感器是实现自动检测和自动控制的必要环节，在现代农业、工业生产、海洋探测、宇宙开发、环境保护、资源调查、医学诊断、生物工程等方面应用极其广泛。随着人工智能、物联网、5G等前沿科技的不断发展，传感器的应用更是得到发展和壮大。VR技术、机器人、无人机、自动驾驶汽车的快速落地，智慧城市的深入建设，使传感器产业有了更大更广阔的发展空间。将来传感器可能实现更多信息的采取，诞生新的技术与产业，催生新的市场，迎来新的发展。

任务 3　自动往返正反转控制电路的安装与调试

任务工作页

班级：_____　　姓名：_____

一、任务准备

(一) 回顾知识，完成以下问题

(1) 按钮的触点有_____、_____、_____ 3 种。

(2) 自动往返正反转控制电路采取的保护措施主要有哪些？

_____
_____
_____
_____
_____
_____
_____

(3) 自动往返正反转控制电路中自锁与互锁的作用各是什么？

_____
_____
_____
_____
_____
_____

(二) 课前学习，并完成下面内容

(1) 行程开关的文字符号是_____，作用是_____。

(2) 为了让某工作台在固定的区间做往复运动，并要求能防止其冲出滑道，应当采用的控制方式为（　　）。

  A. 自锁控制和终端保护　　　　　　B. 互锁控制和终端保护

  C. 行程控制和终端保护　　　　　　D. 顺序控制和终端保护

(3) 请画出行程开关的图形符号。

(4) 请简述行程开关的工作原理。

二、任务实施

（一）自动往返正反转控制电路的分析

(1) 请分析图 2-3-1 所示自动往返正反转控制电路原理图，并写出其工作过程。

(2) 请分析行程开关在该电路中的作用。

（3）如何加装终端保护措施？

_____
_____
_____
_____
_____
_____
_____
_____

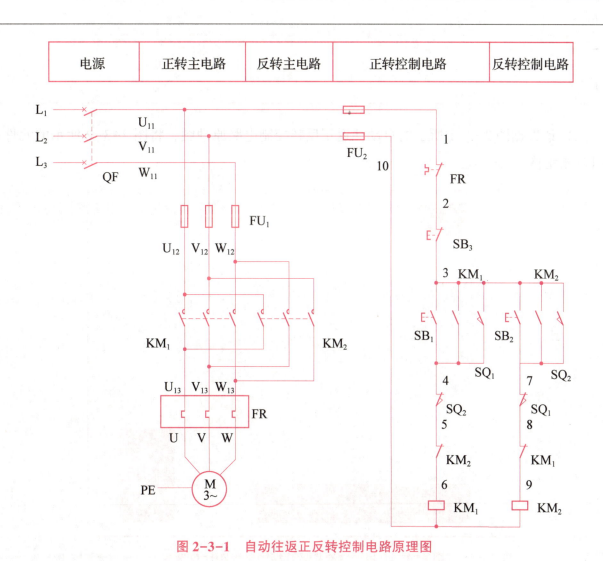

图 2-3-1　自动往返正反转控制电路原理图

（二）自动往返正反转控制电路的安装与调试

（1）请根据图 2-3-1 所示的自动往返正反转控制电路原理图，选择电路安装所需的低压电器，明确其型号规格、数量等，并进行性能检测，完成表 2-3-1。

表 2-3-1　元器件清单

序号	文字符号	名称	型号规格	数量	性能检测结果
1					
2					
3					
4					
5					
6					
7					
8					

（2）请根据图 2-3-1 所示的自动往返正反转控制电路原理图，将图 2-3-2 所示的元件布置图补充完整。

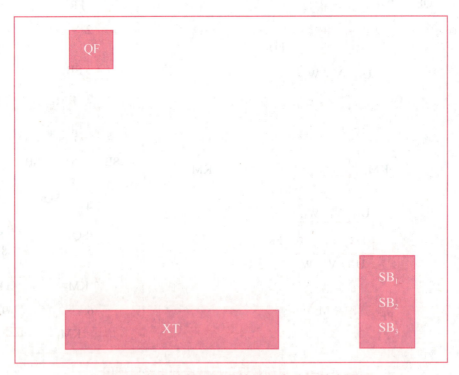

图 2-3-2　自动往返正反转控制电路元件布置图

（3）请根据图 2-3-1 所示的自动往返正反转控制电路原理图，完成图 2-3-3 所示的自动往返正反转控制电路实物接线图。

具体要求：要使用直尺等工具规范手绘；电路接线横平竖直，无交叉，符合电气规范。

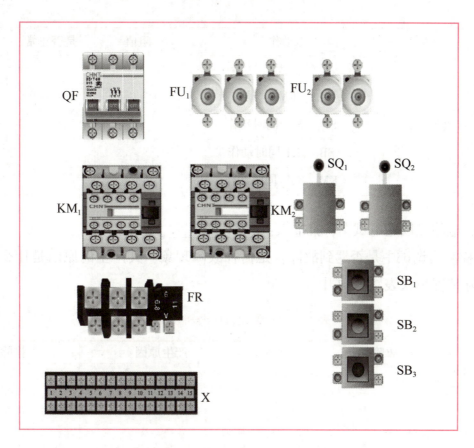

图 2-3-3 自动往返正反转控制电路实物接线图

（4）完成电路装配，在实训台上完成电气安装。

（5）自检表。电路安装完成后进行静态检测，将数据填入表 2-3-2 中。

表 2-3-2 电路自检

电路测量	测量点	动作	阻值	是否正常	核对人
主电路	UV 相间	无			
		KM 交流接触器动作			
	UW 相间	无			
		KM 交流接触器动作			
	VW 相间	无			
		KM 交流接触器动作			
主电路	UV 相间	KM_1 交流接触器动作			
		KM_1、KM_2 同时动作			
	UW 相间	KM_1 交流接触器动作			
		KM_1、KM_2 同时动作			
	VW 相间	KM_1 交流接触器动作			
		KM_1、KM_2 同时动作			

续表

电路测量	测量点	动作	阻值	是否正常	核对人
控制电路	UV 相间	无			
		SB$_1$（KM$_1$）动作			
		SB$_1$、SB$_2$ 同时动作			
		SB$_1$、KT 同时动作			
		KM、KM$_2$ 同时动作			

经检测，电路可以通电试车，批准人：_____。

（6）在检测与调试中是否遇到故障？是何种故障现象？其产生的原因是什么？应如何排除？请将实际情况填入表 2-3-3 中。

表 2-3-3　常见故障分析及排除

序号	故障现象	产生原因	排除方法
1			
2			
3			
4			
5			

三、任务评价

请根据任务实施情况进行自检和小组互检，并填写表 2-3-4。

表 2-3-4　自动往返正反转控制电路安装与调试任务评价

评价项目	评价内容	自检得分	互检得分
职业素养 （5分）	1. 严格遵守操作规程		
	2. 任务完成后，分类清理处置工具、材料、废料，整理工位		
	3. 操作不当造成器件损坏，发生短路、跳闸		
工作准备 （7分）	1. 正确选用仪表工具		
	2. 正确选用元器件		
	3. 正确配线		
电器检测 （10分）	电器检测方法正确，每错一处扣 2 分		
安装元件 （8分）	安装整齐、合理、牢固、无损坏，每出现一处错误、不牢固和人为器件损坏扣 2 分		

续表

评价项目	评价内容	自检得分	互检得分
布线工艺（40分）	1. 按图接线施工		
	2. 配线颜色和线径选择正确，集中归边、贴面走线，配线横平竖直、无交叉，每出现一处交叉扣2分		
	3. 规范使用号码管，且标注一致清晰，每错一处扣2分		
	4. 接线端连接规范、可靠、牢固，无绝缘损伤和露铜（大于2 mm），每裸露一处扣2分		
	5. 所有多股软导线使用冷压端子压接		
	6. 接地完整可靠		
静态检测与通电试车（20分）	1. 正确完成检测，及时排除施工错误		
	2. 热继电器整定合格，熔体选择正确		
	3. 一次通电试车成功，每失败一次扣5分		
故障排除（10分）	准确排除设置的故障，每遗漏一处扣2分		

四、思考与拓展

1. 根据任务完成情况进行总结分析，并完成表2-3-5

表2-3-5　收获与总结

项目	具体内容
通过此任务我学习了哪些知识？	
通过此任务我收获了哪些技能？	
在此任务学习中我存在的问题有哪些？	
在今后的学习中我还有哪些需要改进的地方？	

2. 思考题

（1）在实际生产应用中，我们还会应用其他元器件代替行程开关，如传感器。请查阅资料，查找实际应用案例，了解其工作过程。

_____
_____
_____
_____

（2）除了在我们学习的正反转控制电路中，"互锁"在实际的工业控制中还有哪些其他应用？

_____
_____
_____
_____

3. 拓展阅读

自动停止正反转控制电路的应用

在一些设备中，运动部件启动后需要自动停止，如道闸遥控打开或关闭时，只要按下启动按钮就可以了，运动部位到达预先设好的位置后自动停止，既准确停止又简化了操作。

在自动往返控制电路中，与 SB_1、SB_2 并联的触点，改为其他触点，不再具有自动往返功能，具有自动停止功能。这个触点可以是遥控器的触点，也可以是自动控制单元的触点，如图 2-3-4 所示。道闸等设备中可以用遥控器控制的继电器触点来代替，道闸打开或关闭后自动停止。自动控制设备中可用传感器控制。

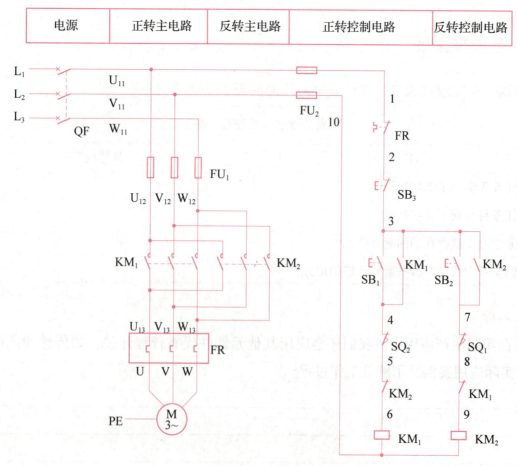

图 2-3-4　自动停止正反转控制电路原理图

项目 3

三相异步电动机降压启动控制电路的安装与调试

任务 1  自耦变压器降压启动控制电路的安装与调试

任务工作页

班级：_____   姓名：_____

一、任务准备

（一）回顾知识，完成以下问题

(1) 变压器是利用_____原理制成的_____电气设备。

(2) 变压器的变压比是指_____之比。

(3) 变压器工作时与电源连接的绕组称为_____，与负载连接的绕组称为_____。

(4) 一台一次绕组匝数为 1 320 匝的单相变压器，当一次绕组接在 220 V 的交流电源上时，要求二次输出电压为 36 V，则该变压器二次绕组的匝数应为_____匝。

(5) 请简述自耦变压器的结构，并简要说明自耦变压器的使用要点。

_____
_____
_____
_____
_____

（二）课前学习，并完成下面内容

（1）自耦变压器降压启动的优点是_____；其缺点是_____。

（2）自耦变压器降压启动控制电路是指电动机利用自耦变压器降低定子绕组上的启动电压达到_____启动的目的；启动结束后，再将自耦变压器切换掉，使电动机与电源连接，实现_____运行。

（3）画出时间继电器的图形及文字符号。

二、任务实施

（一）自耦变压器降压启动控制电路的分析

（1）请分析图 3-1-1 所示自耦变压器降压启动控制电路原理图，并写出其工作过程。

_____
_____
_____
_____
_____
_____

（2）自耦变压器降压启动控制电路中能不能只用 KM_1 或 KM_2，为什么？

_____
_____
_____
_____
_____
_____

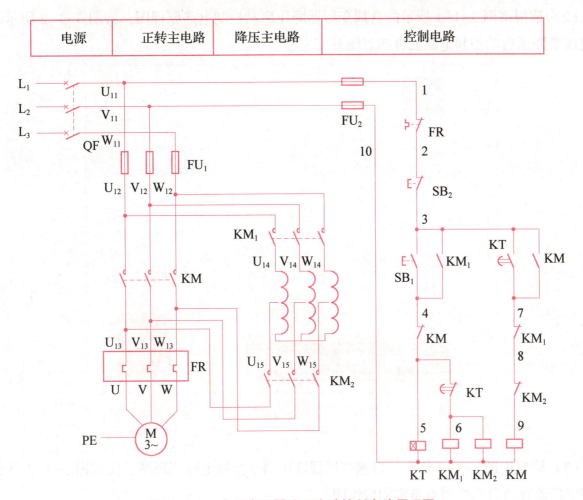

图 3-1-1 自耦变压器降压启动控制电路原理图

(二) 自耦变压器降压启动控制电路的安装与调试

(1) 请根据图 3-1-1 所示的自耦变压器降压启动控制电路原理图，选择电路安装所需的低压电器，明确其型号规格、数量等，并进行性能检测，完成表 3-1-1。

表 3-1-1 元器件清单

序号	文字符号	名称	型号规格	数量	性能检测结果
1					
2					
3					
4					
5					
6					
7					
8					

（2）请根据图 3-1-1 所示的自耦变压器降压启动控制电路原理图，将图 3-1-2 所示的自耦变压器降压启动控制电路元件布置图补充完整。

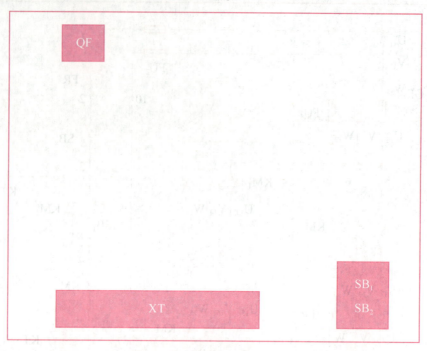

图 3-1-2　自耦变压器降压启动控制电路元件布置图

（3）请根据图 3-1-1 所示的自耦变压器降压启动控制电路原理图，完成图 3-1-3 所示的自耦变压器降压启动控制电路实物接线图。

具体要求：使用直尺等工具规范手绘；电路接线横平竖直，无交叉，符合电气规范。

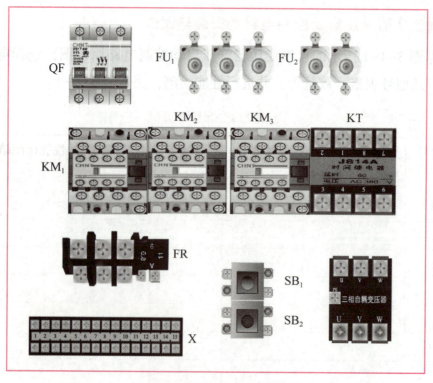

图 3-1-3　自耦变压器降压启动控制电路实物接线图

(4)完成电路装配,在实训台上完成电气安装。

(5)自检表。电路安装完成后进行静态检测,将数据填入表3-1-2中。

表3-1-2 电路自检

电路测量	测量点	动作	阻值	是否正常	核对人
主电路	UV 相间	无			
		KM 交流接触器动作			
	UW 相间	无			
		KM 交流接触器动作			
	VW 相间	无			
		KM 交流接触器动作			
主电路	UV 相间	KM_1 交流接触器动作			
		KM_1、KM_2 同时动作			
	UW 相间	KM_1 交流接触器动作			
		KM_1、KM_2 同时动作			
	VW 相间	KM_1 交流接触器动作			
		KM_1、KM_2 同时动作			
控制电路	UV 相间	无			
		SB_1(KM_1)动作			
		SB_1、SB_2 同时动作			
		SB_1、KT 同时动作			
		KM、KM_1 同时动作			

经检测,电路可以通电试车,批准人:_____。

(6)在检测与调试中是否遇到故障?是何种故障现象?其产生的原因是什么?应如何排除?请将实际情况填入表3-1-3中。

表3-1-3 常见故障分析及排除

序号	故障现象	产生原因	排除方法
1			
2			
3			
4			
5			

三、任务评价

请根据任务实施情况进行自检和小组互检，并填写表3-1-4。

表3-1-4 自耦变压器降压启动控制电路安装与调试任务评价

评价项目	评价内容	自检得分	互检得分
职业素养 （5分）	1. 严格遵守操作规程		
	2. 任务完成后，分类清理处置工具、材料、废料，整理工位		
	3. 操作不当造成器件损坏，发生短路、跳闸		
工作准备 （7分）	1. 正确选用仪表工具		
	2. 正确选用元器件		
	3. 正确配线		
电器检测 （10分）	电器检测方法正确，每错一处扣2分		
安装元件 （8分）	安装整齐、合理、牢固、无损坏，每出现一处错误、不牢固和人为器件损坏扣2分		
布线工艺 （40分）	1. 按图接线施工		
	2. 配线颜色和线径选择正确，集中归边、贴面走线，配线横平竖直、无交叉，每出现一处交叉扣2分		
	3. 规范使用号码管，且标注一致清晰，每错一处扣2分		
	4. 接线端连接规范、可靠、牢固，无绝缘损伤和露铜（大于2 mm），每裸露一处扣2分		
	5. 所有多股软导线使用冷压端子压接		
	6. 接地完整可靠		
静态检测与 通电试车 （20分）	1. 正确完成检测，及时排除施工错误		
	2. 热继电器整定合格，熔体选择正确		
	3. 一次通电试车成功，每失败一次扣5分		
故障排除 （10分）	准确排除设置的故障，每遗漏一处扣2分		

四、思考与拓展

1. 根据任务完成情况进行总结分析，并完成表 3-1-5

表 3-1-5　收获与总结

项目	具体内容
通过此任务我学习了哪些知识？	
通过此任务我收获了哪些技能？	
在此任务学习中我存在的问题有哪些？	
在今后的学习中我还有哪些需要改进的地方？	

2. 思考题

（1）电动机由降压启动切换到全压运行时，仍有很大的冲击电流，试分析具体原因。

（2）请查阅资料，回答在采用自耦变压器降压启动时，启动电流和启动转矩分别降为全压启动时的多少？为什么？

3. 拓展阅读

固态继电器

固态继电器（图 3-1-4）是由微电子电路、分立电子器件、电力电子功率器件组成的无触点开关。用隔离器件实现了控制端与负载端的隔离。固态继电器的输入端用微小的控制信号，达到直接驱动大电流负载的目的。

固态继电器输入与输出电路的隔离和耦合方式有光电耦合和高频变压器耦合两种。光电耦合通常使用光电二极管-光电三极管、光电二极管-双向光控可控硅、光伏电池，实现控制侧与负载侧的隔离控制；高频变压器耦合是利用输入的控制信号产生的自激高频信号经耦合到次级，经检波整流，逻辑电路处理形成驱动信号。

固态继电器内部无机械部件，结构上采用了灌注全密封方式，因此具有灵敏度高、控制功率小、耐振、耐腐蚀、寿命长及可靠性高等优点，其开关寿命高达 1 000 万次，这是传统的继电器所达不到的。此外，其工作时无机械动作，具有噪声低的优点。当然，固态继电器也存在一些缺点，如导通后的管压降大，无机械断点，不能实现完全电气隔离，对过载有较大的敏感性等。

固态继电器已广泛应用于计算机外围接口设备、恒温系统、调温、电炉加温控制、电机控制、数控机械、遥控系统、工业自动化装置；信号灯、调光、闪烁器、照明舞台灯光控制系统；仪器仪表、医疗器械、复印机、自动洗衣机；自动消防、保安系统，以及作为电网功率因素补偿的电力电容的切换开关；等等。另外，在化工、煤矿等需要防爆、防潮、防腐蚀的场合中也有大量使用。

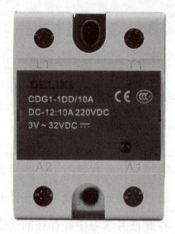

图 3-1-4　固态继电器

任务 2　Y-△降压启动控制电路的安装与调试

任务工作页

班级：_____　　　姓名：_____

一、任务准备

（一）回顾知识，完成以下问题

（1）三相异步电动机的启动方法有_____和_____两种。

（2）笼型三相异步电动机降压启动常采用_____启动和_____启动。

（3）三相电源的连接可分为_____和_____。Y（星形）连接时，线电压和相电压的数值关系为_____；△（三角形）连接时，线电压和相电压的数值关系为_____。

（二）课前学习，并完成下面内容

（1）三相异步电动机的定子绕组由△连接改为Y连接后，启动转矩和电流都降低到原来的_____。

（2）Y-△降压启动是指电动机启动时，把定子绕组接成_____，以降低_____，限制启动电流，待电动机启动后，再将定子绕组改成_____连接，使电动机_____运行。

（3）画出Y与△绕组连接图。

（4）从电路上分析Y-△降压启动控制电路中能不能采用直接△启动的原因。

二、任务实施

（一）按钮控制Y-△降压启动控制电路的分析

（1）请分析图3-2-1所示按钮控制Y-△降压启动控制电路原理图，并写出其工作过程。

（2）请分析按钮控制Y-△降压启动方式的特点。

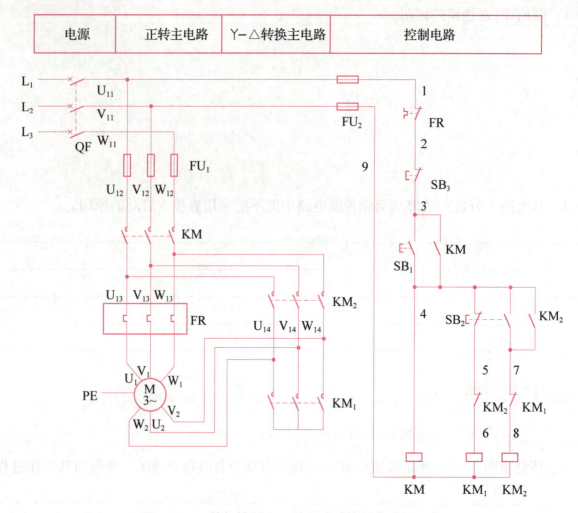

图 3-2-1　按钮控制Y-△降压启动控制电路原理图

（二）按钮控制Y-△降压启动控制电路的安装与调试

（1）请根据图 3-2-1 所示的按钮控制Y-△降压启动控制电路原理图，选择电路安装所需的低压电器，明确其型号规格、数量等，并进行性能检测，完成表 3-2-1。

表 3-2-1　元器件清单

序号	文字符号	名称	型号规格	数量	性能检测结果
1					
2					
3					
4					
5					
6					
7					
8					

(2) 请根据图 3-2-1 所示的按钮控制Y-△降压启动控制电路原理图,将图 3-2-2 所示的按钮控制Y-△降压启动控制电路元件布置图补充完整。

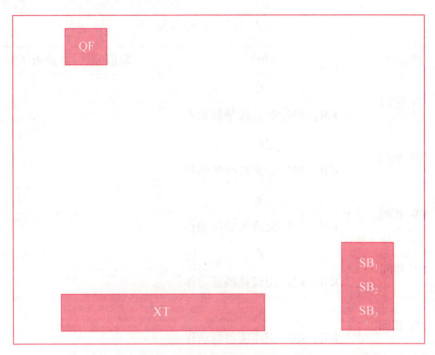

图 3-2-2　按钮控制Y-△降压启动控制电路元件布置图

(3) 请根据图 3-2-1 所示的按钮控制Y-△降压启动控制电路原理图,完成图 3-2-3 所示的按钮控制Y-△降压启动控制电路实物接线图。

具体要求：使用直尺等工具规范手绘；电路接线横平竖直,无交叉,符合电气规范。

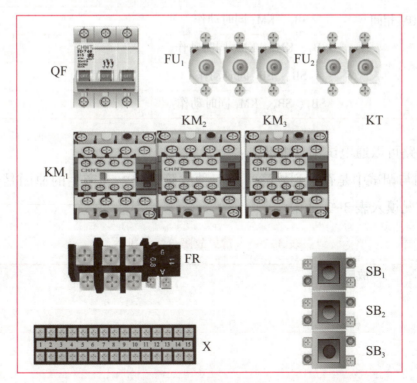

图 3-2-3　按钮控制Y-△降压启动控制电路实物接线图

(4) 完成电路装配，在实训台上完成电气安装。

(5) 自检表。电路安装完成后进行静态检测，将数据填入表 3-2-2 中。

表 3-2-2　电路自检

电路测量	测量点	动作	阻值	是否正常	核对人
主电路	UV 相间	无			
		KM、KM$_1$ 交流接触器动作			
	UW 相间	无			
		KM、KM$_1$ 交流接触器动作			
	VW 相间	无			
		KM、KM$_1$ 交流接触器动作			
主电路	UV 相间	无			
		KM、KM$_2$ 交流接触器动作			
	UW 相间	无			
		KM、KM$_2$ 交流接触器动作			
	VW 相间	无			
		KM、KM$_2$ 交流接触器动作			
控制电路	UV 相间	无			
		SB$_1$（KM）动作			
		SB$_1$、SB$_3$ 同时动作			
		SB$_1$、KM$_2$ 同时动作			
		SB$_1$、KM$_1$、KM$_2$ 同时动作			
		SB$_1$、SB$_2$ 同时动作			
		SB$_1$、SB$_2$、KM$_1$ 同时动作			

经检测，电路可以通电试车，批准人：_____。

(6) 在检测与调试中是否遇到故障？是何种故障现象？其产生的原因是什么？应如何排除？请将实际情况填入表 3-2-3 中。

表 3-2-3　常见故障分析及排除

序号	故障现象	产生原因	排除方法
1			
2			
3			
4			
5			

（三）时间继电器控制Y-△降压启动控制电路的分析

（1）请分析图3-2-4所示时间继电器控制Y-△降压启动控制电路原理图，并写出其工作过程。

_____
_____
_____
_____
_____

（2）请简述在图3-2-4所示的时间继电器控制Y-△降压启动控制电路中，采用什么元器件实现延时控制，并分析是如何实现的。

_____
_____
_____
_____
_____

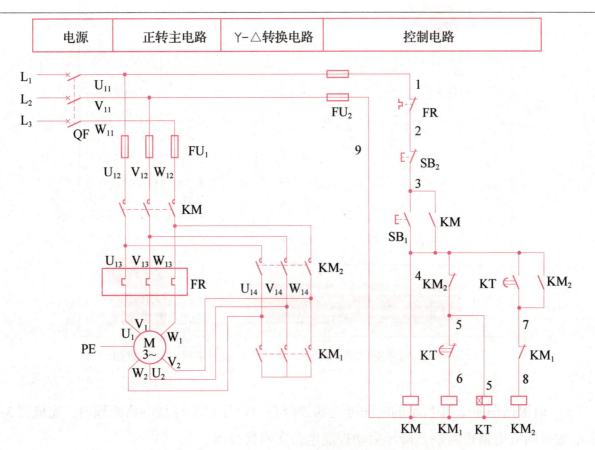

图3-2-4　时间继电器控制Y-△降压启动控制电路原理图

(四)时间继电器控制Y-△降压启动控制电路的安装与调试

(1)请根据图 3-2-4 所示的时间继电器控制Y-△降压启动控制电路原理图,选择电路安装所需的低压电器,明确其型号规格、数量等,并进行性能检测,完成表 3-2-4。

表 3-2-4 元器件清单

序号	文字符号	名称	型号规格	数量	性能检测结果
1					
2					
3					
4					
5					
6					
7					
8					

(2)请根据图 3-2-4 所示的时间继电器控制Y-△降压启动控制电路原理图,将图 3-2-5 所示的时间继电器控制Y-△降压启动控制电路元件布置图补充完整。

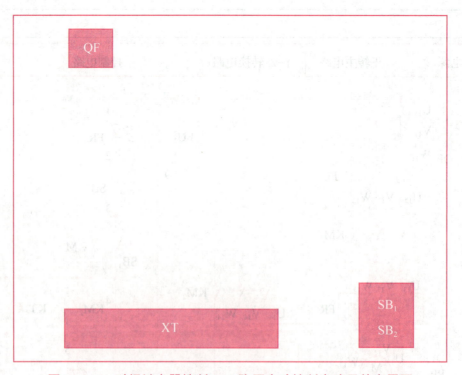

图 3-2-5 时间继电器控制Y-△降压启动控制电路元件布置图

(3)请根据图 3-2-4 所示的时间继电器控制Y-△降压启动控制电路原理图,完成图 3-2-6 所示的时间继电器控制Y-△降压启动控制电路实物接线图。

具体要求：使用直尺等工具规范手绘；电路接线横平竖直，无交叉，符合电气规范。

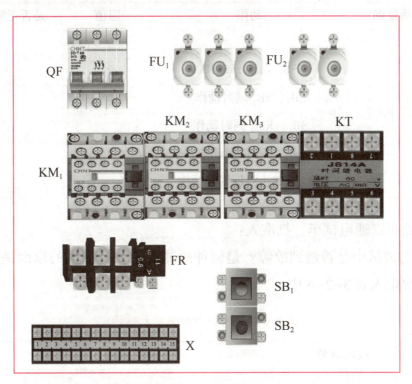

图 3-2-6 时间继电器控制Y-△降压启动控制电路实物接线图

（4）自检表。电路安装完成后进行静态检测，将数据填入表 3-2-5 中。

表 3-2-5 电路自检

电路测量	测量点	动作	阻值	是否正常	核对人
主电路	UV 相间	无			
		KM、KM$_1$ 交流接触器动作			
	UW 相间	无			
		KM、KM$_1$ 交流接触器动作			
	VW 相间	无			
		KM、KM$_1$ 交流接触器动作			
主电路	UV 相间	无			
		KM、KM$_2$ 交流接触器动作			
	UW 相间	无			
		KM、KM$_2$ 交流接触器动作			
	VW 相间	无			
		KM、KM$_2$ 交流接触器动作			

续表

电路测量	测量点	动作	阻值	是否正常	核对人
控制电路	UV 相间	无			
		SB$_1$（KM）动作			
		SB$_1$、SB$_2$ 同时动作			
		SB$_1$、KM$_2$ 同时动作			
		SB$_1$、KT 同时动作			
		SB$_1$、KT、KM$_2$ 同时动作			

经检验，电路可以通电试车，批准人：_____。

（5）在检测与调试中是否遇到故障？是何种故障现象？其产生的原因是什么？应如何排除？请将实际情况填入表 3-2-6 中。

表 3-2-6　常见故障分析及排除

序号	故障现象	产生原因	排除方法
1			
2			
3			
4			
5			

三、任务评价

请根据任务实施情况进行自检和小组互检，并填写表 3-2-7。

表 3-2-7　按钮、时间继电器控制Y-△降压启动控制电路安装与调试任务评价

评价项目	评价内容	自检得分	互检得分
职业素养 （5分）	1. 严格遵守操作规程		
	2. 任务完成后，分类清理处置工具、材料、废料，整理工位		
	3. 操作不当造成器件损坏，发生短路、跳闸		
工作准备 （7分）	1. 正确选用仪表工具		
	2. 正确选用元器件		
	3. 正确配线		
电器检测 （10分）	电器检测方法正确，每错一处扣2分		

续表

评价项目	评价内容	自检得分	互检得分
安装元件（8分）	安装整齐、合理、牢固、无损坏，每出现一处错误、不牢固和人为器件损坏扣2分		
布线工艺（40分）	1. 按图接线施工 2. 配线颜色和线径选择正确，集中归边、贴面走线，配线横平竖直、无交叉，每出现一处交叉扣2分 3. 规范使用号码管，且标注一致清晰，每错一处扣2分 4. 接线端连接规范、可靠、牢固，无绝缘损伤和露铜（大于2 mm），每裸露一处扣2分 5. 所有多股软导线使用冷压端子压接 6. 接地完整可靠		
静态检测与通电试车（20分）	1. 正确完成检测，及时排除施工错误 2. 热继电器整定合格，熔体选择正确 3. 一次通电试车成功，每失败一次扣5分		
故障排除（10分）	准确排除设置的故障，每遗漏一处扣2分		

四、思考与拓展

1. 根据任务完成情况进行总结分析，并完成表3-2-8

表3-2-8 收获与总结

项目	具体内容
通过此任务我学习了哪些知识？	
通过此任务我收获了哪些技能？	
在此任务学习中我存在的问题有哪些？	
在今后的学习中我还有哪些需要改进的地方？	

2. 思考题

（1）请分析在本电路中3个交流接触器各有什么作用？

（2）请分析能不能允许 KM_1 与 KM_2 同时工作？为什么？

（3）比较自耦变压器与 Y-△ 降压电路，你更喜欢用哪种降压电路？为什么？

3. 拓展阅读

谦逊而笃定，迈向星辰大海的中国航天人——周建平

"宇宙那么大，我们人类应该去看看。"学会直立行走的人类，仰望星空时，宇宙成了征途的方向。但无论是"欲上青天揽明月"的豪情，还是"卧看牵牛织女星"的苍茫，都只停留在想象；不过有这样一群人，让灿烂的想象变成了现实，甚至他们走得比梦还远。

在不被看好和困难重重的条件下，中国航天人靠着自己的努力和智慧，从无人飞行到载人飞行，从一人一天到多人多天，从舱内实验到出舱行走，从单体飞行到组合稳定运行，中国航天的成绩，世界有目共睹。图 3-2-7 为天宫一号。

希望在星辰大海走得更远的中国载人航天工程总设计师周建平，他的人生经历传奇又精彩，他本人却谦逊而笃定。从中国人民解放军国防科技大学的三尺讲台到掌舵航天一线的"星河船长"，短时间的转型，得益于他的专注、善于学习。作为设计师的周建平清楚：飞行过程中"没有任何一个纠错的机会"，需要用百倍的细心来坚守航天人"绝不带问题上天"的原则，花费三年，周建平带领团队从零开始完成了"飞天"舱外服的设计，真正飞天圆梦。图 3-2-8 为神舟六号。

如果梦想有颜色一定是中国红，如果奇迹有颜色那一定是航天蓝！

图 3-2-7　天宫一号

图 3-2-8　神舟六号

项目 4

三相异步电动机调速与制动控制电路的安装与调试

任务 1　电磁抱闸制动控制电路的安装与调试

任务工作页

班级：_____　　姓名：_____

一、任务准备

（一）查阅资料，完成以下问题

（1）电磁抱闸制动器的文字符号是_____，作用是_____。

（2）电磁抱闸制动方式分为闸瓦平时抱紧和_____两种状态。其中，闸瓦平时抱紧的制动状态主要用于_____。

（3）请简述采用制动方式停止电动机的原因。

_____
_____
_____
_____
_____
_____
_____

(二) 课前学习，并完成下面内容

（1）交流接触器 KM_1 的主触点闭合实现_____，KM_2 的主触点闭合，电磁抱闸线圈_____，闸瓦_____实现_____；当 KM_2 的主触点断开时，电磁抱闸线圈_____，闸瓦_____，实现电动机的制动。

（2）请简述吊车电动机的制动过程。

_____
_____
_____
_____
_____
_____

二、任务实施

（一）电磁抱闸制动控制电路的分析

（1）请分析图 4-1-1 所示电磁抱闸制动控制电路原理图，并写出其工作过程。

_____
_____
_____
_____
_____
_____

（2）请简述电磁抱闸制动器的工作过程。

_____
_____
_____
_____
_____

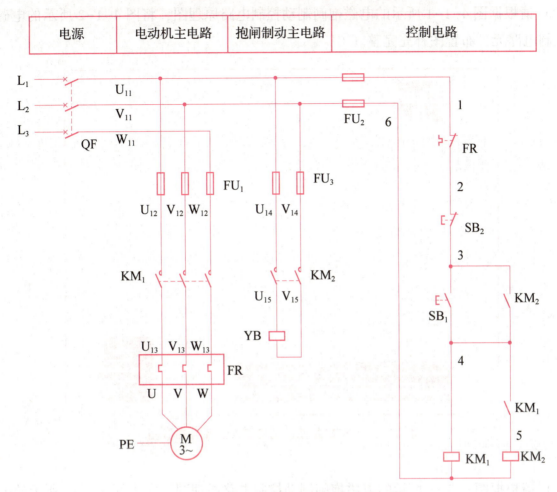

图 4-1-1　电磁抱闸制动控制电路原理图

（二）电磁抱闸制动控制电路的安装与调试

（1）请根据图 4-1-1 所示的电磁抱闸制动控制电路原理图，选择电路安装所需的低压电器，明确其型号规格、数量等，并进行性能检测，完成表 4-1-1。

表 4-1-1　元器件清单

序号	文字符号	名称	型号规格	数量	性能检测结果
1					
2					
3					
4					
5					
6					
7					

（2）请根据图 4-1-1 所示的电磁抱闸制动控制电路原理图，将图 4-1-2 所示的电磁抱闸制动控制电路元件布置图补充完整。

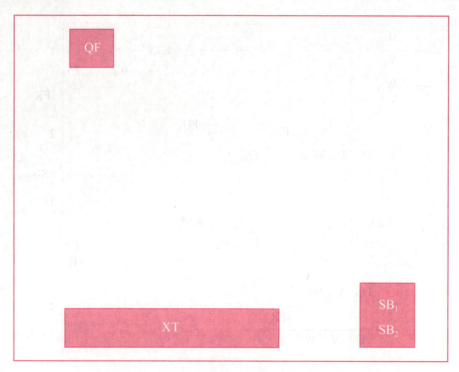

图 4-1-2　电磁抱闸制动控制电路元件布置图

（3）请根据图 4-1-1 所示的电磁抱闸制动控制电路原理图，完成图 4-1-3 所示的电磁抱闸制动控制电路实物接线图。

具体要求：使用直尺等工具规范手绘；电路接线横平竖直，无交叉，符合电气规范。

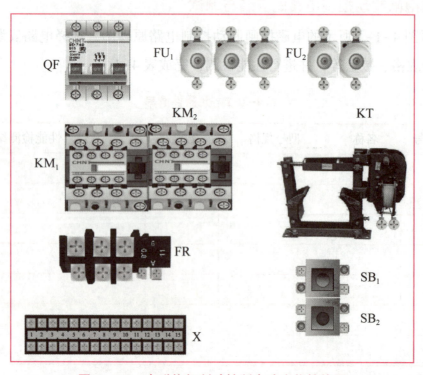

图 4-1-3　电磁抱闸制动控制电路实物接线图

(4) 完成电路装配,在实训台上完成电气安装。

(5) 自检表。电路安装完成后进行静态检测,将数据填入表 4-1-2 中。

表 4-1-2 电路自检

电路测量	测量点	动作	阻值	是否正常	核对人
主电路	UV 相间	无			
		KM_1 交流接触器动作			
	UW 相间	无			
		KM_1 交流接触器动作			
	VW 相间	无			
		KM_1 交流接触器动作			
	UV 相间	无			
		KM_2 交流接触器动作			
控制电路	UV 相间	无			
		SB_1(KM_2)动作			
		SB_1、SB_2 同时动作			
		SB_1、KM_1 同时动作			
		KM_1、KM_2 同时动作			

经检测,电路可以通电试车,批准人:_____。

(6) 在检测与调试中是否遇到故障?是何种故障现象?其产生的原因是什么?应如何排除?请将实际情况填入表 4-1-3 中。

表 4-1-3 常见故障分析及排除

序号	故障现象	产生原因	排除方法
1			
2			
3			
4			
5			

三、任务评价

请根据任务实施情况进行自检和小组互检,并填写表 4-1-4。

表 4-1-4　电磁抱闸制动控制电路安装与调试任务评价

评价项目	评价内容	自检得分	互检得分
职业素养 (5分)	1. 严格遵守操作规程 2. 任务完成后,分类清理处置工具、材料、废料,整理工位 3. 操作不当造成器件损坏,发生短路、跳闸		
工作准备 (7分)	1. 正确选用仪表工具 2. 正确选用元器件 3. 正确配线		
电器检测 (10分)	电器检测方法正确,每错一处扣2分		
安装元件 (8分)	安装整齐、合理、牢固、无损坏,每出现一处错误、不牢固和人为器件损坏扣2分		
布线工艺 (40分)	1. 按图接线施工 2. 配线颜色和线径选择正确,集中归边、贴面走线,配线横平竖直、无交叉,每出现一处交叉扣2分 3. 规范使用号码管,且标注一致清晰,每错一处扣2分 4. 接线端连接规范、可靠、牢固,无绝缘损伤和露铜(大于2 mm),每裸露一处扣2分 5. 所有多股软导线使用冷压端子压接 6. 接地完整可靠		
静态检测与通电试车 (20分)	1. 正确完成检测,及时排除施工错误 2. 热继电器整定合格,熔体选择正确 3. 一次通电试车成功,每失败一次扣5分		
故障排除 (10分)	准确排除设置的故障,每遗漏一处扣2分		

四、思考与拓展

1. 根据任务完成情况进行总结分析，并完成表 4-1-5

表 4-1-5　收获与总结

项目	具体内容
通过此任务我学习了哪些知识？	
通过此任务我收获了哪些技能？	
在此任务学习中我存在的问题有哪些？	
在今后的学习中我还有哪些需要改进的地方？	

2. 思考题

（1）请回答电磁抱闸制动器在平时主要分为哪两种状态？

_____
_____
_____

（2）请查阅资料，设计电磁抱闸通电制动控制电路（闸瓦平时处于"松开"状态），并分析其工作过程。

_____
_____
_____
_____

3. 拓展阅读

三相异步电动机的制动

三相异步电动机切断电源后依靠惯性还要转动一段时间才能停下来，在很多电气设备中影响不大，如粉碎机。但是在生产中如起重机的吊钩或卷扬机的吊篮要求准确定位，万能铣床的主轴要求能迅速停下，电梯要在需要的楼层准确停止，还有很多设备需要这样的控制方式。这就是要对电动机进行及时准确的制动。

制动，就是给电动机提供与转动方向相反的力矩使其迅速停转。常用的制动方法有机械制动和电气制动两类。

（1）机械制动。机械制动是利用机械装置使电动机断开电源后迅速停转的方法。电磁抱闸是普遍应用的制动装置，它具有较大的制动力，能准确、及时地使被制动的对象停止运动。

电磁抱闸制动方式分为闸瓦平时抱紧和松开两种状态。其中，闸瓦平时抱紧的制动状态主要用于吊车、卷扬机等升降类机械，防止在发生电路断电或者电气故障时，重物自行下落，造成设备及人身伤害事故；闸瓦平时松开状态则应用于如机床等需要调整加工工件位置的生产设备。

电磁抱闸（图4-1-4）主要由制动电磁铁和闸瓦制动器两部分组成。制动电磁铁由铁芯、衔铁和线圈3部分组成；闸瓦制动器包括闸轮、闸瓦和弹簧等，闸轮与电动机装在同一根转轴上。电动机接通电源，同时电磁抱闸线圈也通电，衔铁吸合，克服弹簧的拉力使制动器的闸瓦与闸轮分开，电动机正常运转。断开开关或交流接触器，电动机断电，同时电磁抱闸线圈也断电，衔铁在弹簧拉力作用下与铁芯分开，并使制动器的闸瓦紧紧抱住闸轮，电动机被制动而停转。

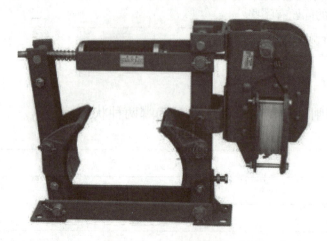

图4-1-4 电磁抱闸

电磁抱闸制动，制动力强，突然断电也会制动而不会发生事故，因此广泛应用在起重设备上。其缺点是体积大，制动器磨损严重，快速制动时会产生振动。

（2）电气制动。电气制动主要采用能耗制动及反接制动等电气手段让电动机停止转动。

电动机切断交流电源后，转子因惯性仍继续旋转，此时在定子绕组中通入直流电，产生静止磁场。转子绕组在旋转中切割静止磁场而产生感应电流，感应电流在静止磁场中产生电磁力，电磁力的力矩与转子惯性旋转方向相反，转子受力转速下降。当转子转速下降，阻力矩也下降，当降至零时，制动结束。这种方法实质上是将转子的动能消耗在转子回路的电阻上，因此称为能耗制动。能耗制动的优点是制动力强、制动平稳、冲击力小，缺点是需要直流电源、低速时制动力矩小。能耗制动可让生产机械准确停车，广泛用于起重机提升等生产机械。

反接制动是在停机的同时接入反相序电源，旋转磁场相反，产生反方向的力矩起到制动作用。当转速降至接近零时，需要立即切断电源，以避免电动机反转。反接制动的优点是制动力强、停转迅速、无须直流电源；缺点是制动过程冲击大、电能消耗多。实际应用中在反接回路中串联电阻，以减少制动冲击，当然制动效果要下降。

任务2　反接制动控制电路的安装与调试

任务工作页

班级：_____　　姓名：_____

一、任务准备

（一）回顾知识，完成以下问题

（1）请回答在哪些场合需要电动机立即停止？

_____
_____
_____
_____

（2）请分析当电动机处于制动状态时能不能直接启动？会出现什么后果？

_____
_____
_____
_____

（二）课前学习，并完成下面内容

（1）在反接制动电路中，采用的反接制动按钮是（　　　）。
A. 常开触点　　　　B. 常闭按钮　　　　C. 复合按钮　　　　D. 以上都不是

（2）速度继电器的文字符号是_____，作用是_____
_____。

（3）请简述如何实现电动机的反接制动。

_____
_____
_____
_____
_____

二、任务实施

（一）反接制动控制电路的分析

（1）请分析图4-2-1所示速度继电器控制反接制动控制电路原理图，并写出其工作过程。

_____
_____
_____
_____

（2）请分析速度继电器在该电路中的作用。如果速度继电器失去控制会出现什么情况？

_____
_____
_____
_____

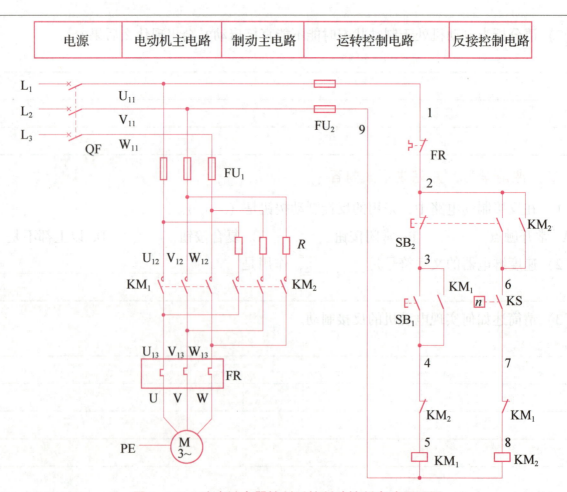

图4-2-1 速度继电器控制反接制动控制电路原理图

(二) 反接制动控制电路的安装与调试

（1）请根据图 4-2-1 所示的速度继电器控制反接制动控制电路原理图，选择电路安装所需的低压电器，明确其型号规格、数量等，并进行性能检测，完成表 4-2-1。

表 4-2-1　元器件清单

序号	文字符号	名称	型号规格	数量	性能检测结果
1					
2					
3					
4					
5					
6					
7					
8					

（2）请根据图 4-2-1 所示的速度继电器控制反接制动控制电路原理图，将图 4-2-2 所示的反接制动控制电路元件布置图补充完整。

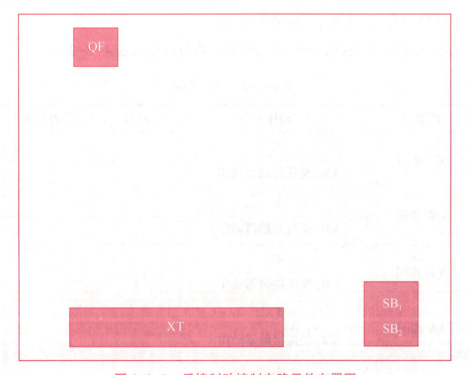

图 4-2-2　反接制动控制电路元件布置图

（3）请根据图 4-2-1 所示的速度继电器控制反接制动控制电路原理图，完成图 4-2-3 所示的反接制动控制电路实物接线图。

具体要求：使用直尺等工具规范手绘；电路接线横平竖直，无交叉，符合电气规范。

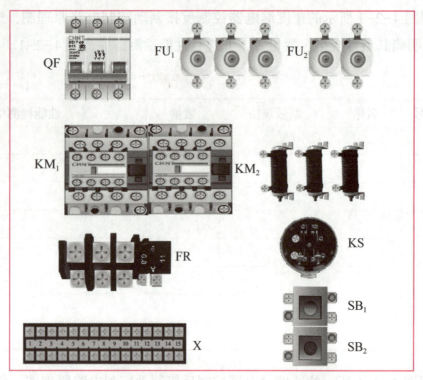

图 4-2-3　反接制动控制电路实物接线图

（4）完成电路装配，在实训台上完成电气安装。

（5）自检表。电路安装完成后进行静态检测，将数据填入表 4-2-2 中。

表 4-2-2　电路自检

电路测量	测量点	动作	阻值	是否正常	核对人
主电路	UV 相间	无			
		KM_1 交流接触器动作			
	UW 相间	无			
		KM_1 交流接触器动作			
	VW 相间	无			
		KM_1 交流接触器动作			
主电路	UV 相间	无			
		KM_2 交流接触器动作			
	UW 相间	无			
		KM_2 交流接触器动作			
	VW 相间	无			
		KM_2 交流接触器动作			

续表

电路测量	测量点	动作	阻值	是否正常	核对人
控制电路	UV 相间	无			
		SB_1（KM_1）动作			
		SB_1、SB_2 同时动作			
		SB_1、KM_2 同时动作			
		SB_2 动作			
		SB_2、KS 同时动作			
		SB_2、KS、KM_1 同时动作			

经检测，电路可以通电试车，批准人：_____。

（6）在检测与调试中是否遇到故障？是何种故障现象？其产生的原因是什么？应如何排除？请将实际情况填入表 4-2-3 中。

表 4-2-3　常见故障分析及排除

序号	故障现象	产生原因	排除方法
1			
2			
3			
4			
5			

三、任务评价

请根据任务实施情况进行自检和小组互检，并填写表 4-2-4。

表 4-2-4　反接制动控制电路安装与调试任务评价

评价项目	评价内容	自检得分	互检得分
职业素养 （5分）	1. 严格遵守操作规程		
	2. 任务完成后，分类清理处置工具、材料、废料，整理工位		
	3. 操作不当造成器件损坏，发生短路、跳闸		
工作准备 （7分）	1. 正确选用仪表工具		
	2. 正确选用元器件		
	3. 正确配线		

续表

评价项目	评价内容	自检得分	互检得分
电器检测 （10分）	电器检测方法正确，每错一处扣2分		
安装元件 （8分）	安装整齐、合理、牢固、无损坏，每出现一处错误、不牢固和人为器件损坏扣2分		
布线工艺 （40分）	1. 按图接线施工 2. 配线颜色和线径选择正确，集中归边、贴面走线，配线横平竖直、无交叉，每出现一处交叉扣2分 3. 规范使用号码管，且标注一致清晰，每错一处扣2分 4. 接线端连接规范、可靠、牢固，无绝缘损伤和露铜（大于2 mm），每裸露一处扣2分 5. 所有多股软导线使用冷压端子压接 6. 接地完整可靠		
静态检测与 通电试车 （20分）	1. 正确完成检测，及时排除施工错误 2. 热继电器整定合格，熔体选择正确 3. 一次通电试车成功，每失败一次扣5分		
故障排除 （10分）	准确排除设置的故障，每遗漏一处扣2分		

四、思考与拓展

1. 根据任务完成情况进行总结分析，并完成表4-2-5

表4-2-5 收获与总结

项目	具体内容
通过此任务我学习了哪些知识？	
通过此任务我收获了哪些技能？	
在此任务学习中我存在的问题有哪些？	
在今后的学习中我还有哪些需要改进的地方？	

2. 思考题

（1）参照速度原则控制的单向反接制动控制电路，设计速度原则控制的双向反接制动控制电路，并分析其工作过程。

(2) 查阅资料,设计时间原则控制的反接制动控制电路,并分析其工作过程。

3. 拓展阅读

嫦娥工程

嫦娥奔月是中国古代一个美丽、动听的神话故事,一代又一代中国人执着地追求"飞天梦"。现在已经基本实现,不再是神话。

2004 年,中国正式开展月球探测工程,并命名为"嫦娥工程"。工程分为"无人月球探测""载人登月"和"建立月球基地"3 个阶段。2007 年 10 月 24 日,"嫦娥一号"成功发射升空,圆满完成各项任务。2020 年 11 月 24 日,在中国文昌航天发射场,用长征五号遥五运载火箭成功发射探月工程"嫦娥五号"探测器,火箭顺利将探测器送入预定轨道,开启中国首次外天体采样返回之旅。2020 年 12 月 1 日,"嫦娥五号"探测器成功在月球正面预选着陆区着陆。2020 年 12 月 17 日,"嫦娥五号"返回器携带月球样品,采用半弹道跳跃方式再入返回,在内蒙古四子王旗预定区域安全着陆。2022 年 12 月 15 日,中国月球探测工程入选中国工程院院刊《Engineering》发布的"2022 年度全球十大工程成就"。

2013 年 12 月 14 日,中国第一个无人登月探测器"嫦娥三号"成功落月,这是中国探测器首次登上地外天体。其过程是非常惊险的,"嫦娥三号"探测器以超过 11.2 km/s 的第二宇宙速度完全摆脱地球引力束缚抵达月球附近。此时要实施近月制动减速,近月制动量要合适。如果制动量小,探测器就会和月球擦肩而过;如果制动量过大,探测器就会和月球相撞。"嫦娥三号"利用反冲发动机提供反方向的作用力而减速,进行太空刹车,把速度降低到 2.38 km/s 月球逃逸速度以下,从而顺利被月球引力捕获,进入 100 km×100 km 的环月圆轨道,

图 4-2-4 "嫦娥四号"探测器在月球登陆

"嫦娥三号"最终在月球正面的虹湾以东地区着陆。图 4-2-4 所示为"嫦娥四号"探测器在月球登陆。

任务 3　电动机能耗制动控制电路的安装与调试

任务工作页

班级：_____　　姓名：_____

一、任务准备

（一）回顾知识，完成以下问题

（1）时间继电器的文字符号是_____，作用是_____；变压器的文字符号是_____，作用是_____；整流桥的文字符号是_____，作用是_____；滑动变阻器的文字符号是_____，作用是_____。

（2）请简述桥式整流的工作过程。
_____
_____
_____
_____

（3）请画出时间继电器的所有图形符号。

（二）课前学习，并完成下面内容

（1）请简述能耗制动的工作原理。
_____
_____
_____

（2）试比较分析速度继电器的反接制动和本任务能耗制动的优缺点。

二、任务实施

（一）电动机能耗制动控制电路的分析

（1）请分析图 4-3-1 所示电动机能耗制动控制电路原理图，并写出其工作过程。

（2）如何让电动机准确停止而且不会出现反转现象？

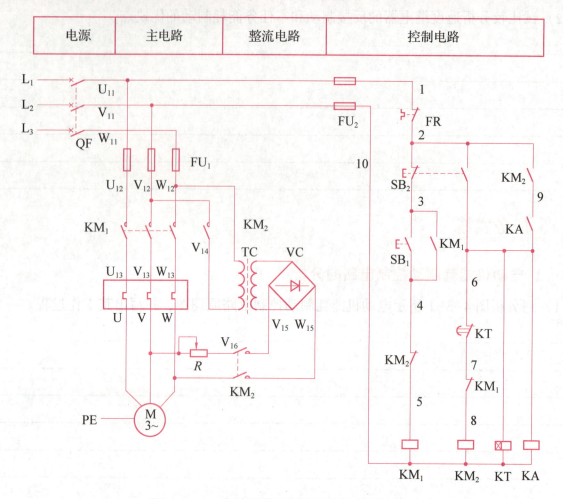

图 4-3-1 电动机能耗制动控制电路原理图

(二)电动机能耗制动控制电路的安装与调试

(1)请根据图 4-3-1 所示的电动机能耗制动控制电路原理图,选择电路安装所需的低压电器,明确其型号规格、数量等,并进行性能检测,完成表 4-3-1。

表 4-3-1 元器件清单

序号	文字符号	名称	型号规格	数量	性能检测结果
1					
2					
3					
4					
5					
6					

续表

序号	文字符号	名称	型号规格	数量	性能检测结果
7					
8					
9					
10					
11					
12					

（2）请根据图4-3-1所示的电动机能耗制动控制电路原理图，将图4-3-2所示的电动机能耗制动控制电路元件布置图补充完整。

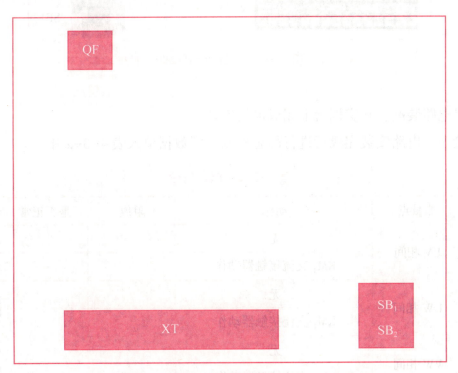

图4-3-2　电动机能耗制动控制电路元件布置图

（3）请根据图4-3-1所示的电动机能耗制动控制电路原理图，完成图4-3-3所示的电动机能耗制动控制电路实物接线图。

具体要求：使用直尺等工具规范手绘；电路接线横平竖直，无交叉，符合电气规范。

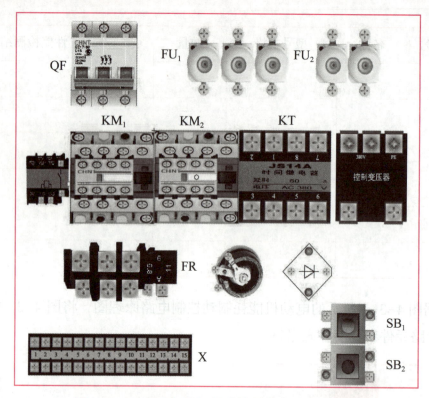

图 4-3-3 电动机能耗制动控制电路实物接线图

(4) 完成电路装配,在实训台上完成电气安装。

(5) 自检表。电路安装完成后进行静态检测,将数据填入表 4-3-2 中。

表 4-3-2 电路自检

电路测量	测量点	动作	阻值	是否正常	核对人
主电路	UV 相间	无			
		KM_1 交流接触器动作			
	UW 相间	无			
		KM_1 交流接触器动作			
	VW 相间	无			
		KM_1 交流接触器动作			
主电路	UV 相间	无			
		KM_2 交流接触器动作			
	KM_2 主触点直流电路				

续表

电路测量	测量点	动作	阻值	是否正常	核对人
控制电路	UV 相间	无			
		SB$_1$（KM$_1$）动作			
		SB$_1$、SB$_2$ 同时动作			
		SB$_1$、KM$_2$ 同时动作			
		SB$_2$ 动作			
		SB$_2$、KT 同时动作			
		SB$_2$、KT、KM$_1$ 同时动作			
		KA、KM$_2$ 同时动作			

经检测，电路可以通电试车，批准人：_____。

（6）在检测与调试中是否遇到故障？是何种故障现象？其产生的原因是什么？应如何排除？请将实际情况填入表 4-3-3 中。

表 4-3-3　常见故障分析及排除

序号	故障现象	产生原因	排除方法
1			
2			
3			
4			
5			

三、任务评价

请根据任务实施情况进行自检和小组互检，并填写表 4-3-4。

表 4-3-4　电动机能耗制动控制电路安装与调试任务评价

评价项目	评价内容	自检得分	互检得分
职业素养 （5 分）	1. 严格遵守操作规程		
	2. 任务完成后，分类清理处置工具、材料、废料，整理工位		
	3. 操作不当造成器件损坏，发生短路、跳闸		
工作准备 （7 分）	1. 正确选用仪表工具		
	2. 正确选用元器件		
	3. 正确配线		

续表

评价项目	评价内容	自检得分	互检得分
电器检测（10分）	电器检测方法正确，每错一处扣2分		
安装元件（8分）	安装整齐、合理、牢固、无损坏，每出现一处错误、不牢固和人为器件损坏扣2分		
布线工艺（40分）	1. 按图接线施工 2. 配线颜色和线径选择正确，集中归边、贴面走线，配线横平竖直、无交叉，每出现一处交叉扣2分 3. 规范使用号码管，且标注一致清晰，每错一处扣2分 4. 接线端连接规范、可靠、牢固，无绝缘损伤和露铜（大于2 mm），每裸露一处扣2分 5. 所有多股软导线使用冷压端子压接 6. 接地完整可靠		
静态检测与通电试车（20分）	1. 正确完成检测，及时排除施工错误 2. 热继电器整定合格，熔体选择正确 3. 一次通电试车成功，每失败一次扣5分		
故障排除（10分）	准确排除设置的故障，每遗漏一处扣2分		

四、思考与拓展

1. 根据任务完成情况进行总结分析，并完成表4-3-5

表4-3-5 收获与总结

项目	具体内容
通过此任务我学习了哪些知识？	
通过此任务我收获了哪些技能？	
在此任务学习中我存在的问题有哪些？	
在今后的学习中我还有哪些需要改进的地方？	

2. 思考题

（1）试比较分析反接制动与能耗制动的优缺点。

（2）在能耗制动控制电路中，有按速度原则控制的，有按时间原则控制的，两种不同的控制方式分别适用于何种场合？

3. 拓展阅读

新能源车的制动

新能源汽车是指采用非常规的车用燃料（如汽油、柴油）作为动力来源，综合车辆的动力控制和驱动方面的先进技术，具有新技术、新结构的汽车。新能源汽车包括纯电动汽车、混合动力汽车、燃料电池电动汽车等。不管是政策驱动，还是实际需求，国内新能源汽车市场异常火热，挂着"绿颜色牌照"的汽车越来越多。

一些新能源车设计了再生制动功能，当踩下制动踏板时，电子控制单元（ECU）根据踏板行程来判断驾驶员所需要的刹车力度，从而控制电机回收电流大小。在这个过程中，电动机功能变为发电机。当车身由于惯性推动车轮继续转动，车轮推动电动机旋转，此时电动机输出电流为电池反向充电，电动机因发电做功时会消耗能量，从而将车辆的动能转化为电能。一方面，车辆因动能下降而减速，避免了因制动而造成刹车片的磨损；另一方面，存储了电能，增加了续航里程。电动机输出功率越高，电动机所需要的驱动功率也越高，电动机产生的阻力也越大，从而实现制动。图4-3-4所示为国产新能源汽车。

图 4-3-4 国产新能源汽车

传统刹车系统把动能转化为热量在刹车盘上散掉，而新能源汽车是通过控制发电机输出电流大小来实现不同的阻力，这两个阻力的减速效果是等同的。

任务 4　双速电动机控制电路的安装与调试

任务工作页

班级：_____　　　姓名：_____

一、任务准备

（一）回顾知识，完成以下问题

（1）三相异步电动机主要由_____和_____两部分组成。

（2）同步转速与电动机磁极对数和电源频率的关系为_____。若定子旋转磁场为四极，电流变化一个周期，旋转磁场旋转_____。

（3）请简述三相异步电动机的工作原理。

_____
_____
_____
_____

（二）课前学习，并完成下面内容

（1）交流接触器 KM_1 的主触点闭合，此时电动机绕组接法为_____接法，实现电动机的_____；KM_2、KM_3 的主触点闭合后电动机绕组接法为_____接法，实现电动机的_____。

（2）请画出双速电动机常用的 △/YY 连接。

（3）请简述双速电动机主要的应用场合。

_____
_____
_____

二、任务实施

(一) 双速电动机控制电路的分析

(1) 请分析图 4-4-1 所示双速电动机控制电路原理图，并写出其工作过程。

_____
_____
_____
_____

(2) 请分析交流接触器是怎么控制电动机的高低速接法的。

_____
_____
_____
_____

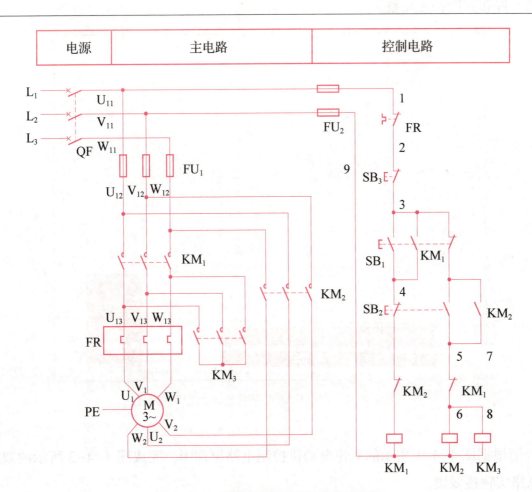

图 4-4-1 双速电动机控制电路原理图

(二)双速电动机控制电路的安装与调试

(1)请根据图 4-4-1 所示的双速电动机控制电路原理图,选择电路安装所需的低压电器,明确其型号规格、数量等,并进行性能检测,完成表 4-4-1。

表 4-4-1 元器件清单表

序号	文字符号	名称	型号规格	数量	性能检测结果
1					
2					
3					
4					
5					
6					
7					

(2)请根据图 4-4-1 所示的双速电动机控制电路原理图,将图 4-4-2 所示的双速电动机控制电路元件布置图补充完整。

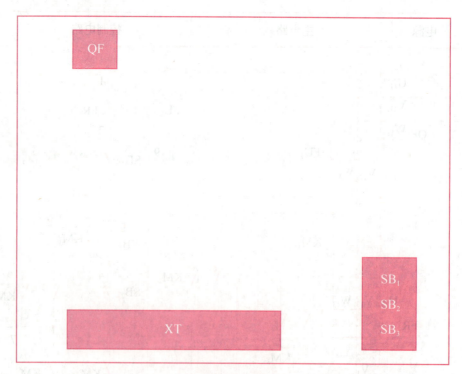

图 4-4-2 双速电动机控制电路元件布置图

(3)请根据图 4-4-1 所示的双速电动机控制电路原理图,完成图 4-4-3 所示的双速电动机控制电路实物接线图。

具体要求:使用直尺等工具规范手绘;电路接线横平竖直,无交叉,符合电气规范。

项目 4　三相异步电动机调速与制动控制电路的安装与调试

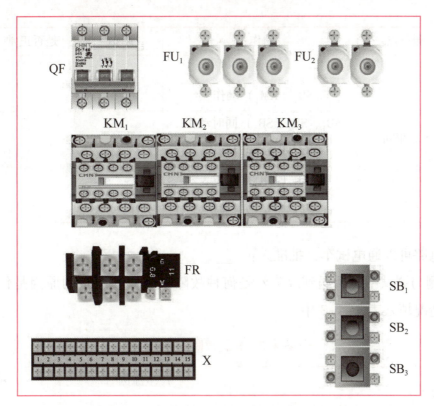

图 4-4-3　双速电动机控制电路实物接线图

（4）完成电路装配，在实训台上完成电气安装。

（5）自检表。电路安装完成后进行静态检测，将数据填入表 4-4-2 中。

表 4-4-2　电路自检

电路测量	测量点	动作	阻值	是否正常	核对人
主电路	UV 相间	无			
		KM_1 交流接触器动作			
	UW 相间	无			
		KM_1 交流接触器动作			
	VW 相间	无			
		KM_1 交流接触器动作			
主电路	UV 相间	无			
		KM_2、KM_3 交流接触器动作			
	UW 相间	无			
		KM_2、KM_3 交流接触器动作			
	VW 相间	无			
		KM_2、KM_3 交流接触器动作			

续表

电路测量	测量点	动作	阻值	是否正常	核对人
控制电路	UV 相间	无			
		SB$_1$（KM$_1$）动作			
		SB$_1$、SB$_2$（SB$_3$）同时动作			
		SB$_1$、KM$_2$ 同时动作			
		SB$_2$（KM$_2$）动作			
		SB$_1$、KM$_1$ 同时动作			

经检测，电路可以通电试车，批准人：_____。

（6）在检测与调试中是否遇到故障？是何种故障现象？其产生的原因是什么？应如何排除？请将实际情况填入表 4-4-3 中。

表 4-4-3 常见故障分析及排除

序号	故障现象	产生原因	排除方法
1			
2			
3			
4			
5			

三、任务评价

请根据任务实施情况进行自检和小组互检，并填写表 4-4-4。

表 4-4-4 双速电动机控制电路安装与调试任务评价

评价项目	评价内容	自检得分	互检得分
职业素养 （5分）	1. 严格遵守操作规程		
	2. 任务完成后，分类清理处置工具、材料、废料，整理工位		
	3. 操作不当造成器件损坏，发生短路、跳闸		
工作准备 （7分）	1. 正确选用仪表工具		
	2. 正确选用元器件		
	3. 正确配线		
电器检测 （10分）	电器检测方法正确，每错一处扣2分		

续表

评价项目	评价内容	自检得分	互检得分
安装元件（8分）	安装整齐、合理、牢固、无损坏，每出现一处错误、不牢固和人为器件损坏扣2分		
布线工艺（40分）	1. 按图接线施工		
	2. 配线颜色和线径选择正确，集中归边、贴面走线，配线横平竖直、无交叉，每出现一处交叉扣2分		
	3. 规范使用号码管，且标注一致清晰，每错一处扣2分		
	4. 接线端连接规范、可靠、牢固，无绝缘损伤和露铜（大于2 mm），每裸露一处扣2分		
	5. 所有多股软导线使用冷压端子压接		
	6. 接地完整可靠		
静态检测与通电试车（20分）	1. 正确完成检测，及时排除施工错误		
	2. 热继电器整定合格，熔体选择正确		
	3. 一次通电试车成功，每失败一次扣5分		
故障排除（10分）	准确排除设置的故障，每遗漏一处扣2分		

四、思考与拓展

1. 根据任务完成情况进行总结分析，并完成表4-4-5

表4-4-5　收获与总结

项目	具体内容
通过此任务我学习了哪些知识？	
通过此任务我收获了哪些技能？	
在此任务学习中我存在的问题有哪些？	
在今后的学习中我还有哪些需要改进的地方？	

2. 思考题

（1）请分析为什么变极调速通常只适用于三相笼型异步电动机？

（2）试分析在变极调速时，三相异步电动机的同步转速是否会改变？为什么？

_____
_____
_____
_____

（3）试分析一台△/YY变极调速电动机，为什么在需要高速运行时，不直接采用高速启动，而是先低速启动，再切换到高速运行？

_____
_____
_____
_____

3. 拓展阅读

变频器

三相异步电动机具有结构简单、制造容易、价格低廉、运行可靠、使用和维修方便等优点，能满足绝大部分工农业生产机械的动力要求，因而它是各类电动机中产量最大、应用最广的一种电动机。它的主要缺点是调速性能差，能用的方法很少，而且很不方便。变频器的诞生让三相异步电动机的调速变得非常简单。

变频器（图4-4-4）是应用微电子技术与变频技术，通过改变电动机工作电源频率方式来控制交流电动机转速的电力控制设备。它主要由整流、滤波、逆变、制动、检测、微处理等电路组成。根据电动机的实际需要来提供其所需要频率的电源，进而实现调速的目的。另外，变频器还具有过流、过压、过载保护等保护功能。随着工业自动化程度的不断提高，变频器的应用也越来越广泛。

变频装置是变频空调的核心控制部分，它是将输入的单相交流电经整流、滤波、逆变转成三相交流电，驱动三相交流异步电动机，因此变频空调具有启动电压低、运行可靠、节能、温差波动小、节能效果好和舒适度高等优点，在社会上得到广泛应用。

图4-4-4 变频器

变频恒压供水系统是自动控制、高效低耗的新型供水设备，广泛应用于普通恒压供水及高层二次供水，变频器也是其核心设备。

项目 5

常用生产机械设备电气控制线路的分析与故障检修

 **任务 1** CA6140 型车床电气控制线路的分析与故障检修

任务工作页

班级：_____   姓名：_____

一、任务准备

（一）回顾知识，完成以下问题

（1）车床是使用最广泛的一种_____，主要用于车削工件的_____、_____、_____、_____等。

（2）卧式车床的电路主要包括（   ）。

A. 主电路、控制电路、声光电路、报警电路

B. 主电路、控制电路、保护电路、报警电路

C. 主电路、控制电路、保护电路、指示信号电路

D. 主电路、控制电路、照明电路、指示信号电路

（3）卧式车床的电气系统有（   ）。

A. 短路保护、过载保护、缺相保护、欠压失压保护、安全接地保护

B. 短路保护、过载保护、缺相保护

C. 短路保护、过载保护、欠压失压保护

D. 短路保护、过载保护、缺相保护、欠压失压保护

（二）课前学习，并完成下面内容

（1）CA6140型车床的控制电路及辅助电路供电由_____提供，绕组1工作电源为_____V，其余绕组电压分别是控制电路电源电压_____V，用于工作指示灯供电电压_____V，工作照明灯供电电压_____V。

（2）电路中使用了_____个热继电器，分别保护_____、_____，用于_____。

（3）请回答CA6140型车床主要由哪些部分组成？

_____

_____

_____

_____

_____

二、任务实施

（一）CA6140型车床电路的阅读分析

CA6140型车床电路原理图如图5-1-1所示。

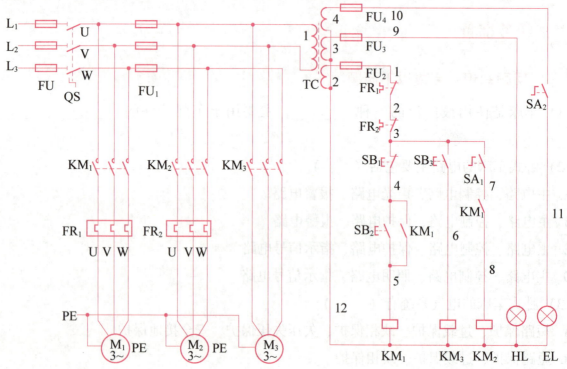

图5-1-1　CA6140型车床电路原理图

(1) 试分析图5-1-1所示CA6140型车床电路原理图中采用的保护措施。

_____

_____

_____

_____

_____

(2) 请简述图5-1-1所示CA6140型车床电路原理图中主轴电动机的控制过程。

_____

_____

_____

_____

_____

(3) 请简述图5-1-1所示CA6140型车床电路原理图中冷却泵电动机的控制过程。

_____

_____

_____

_____

_____

(4) 试分析图5-1-1所示CA6140型车床电路原理图中刀架快速移动电动机采用的控制方式。

_____

_____

_____

_____

_____

（二）CA6140型车床电路故障分析与处理

1. 主轴电动机不启动

电动机是提供动力的主要装置，其电路发生的故障较多。只有主轴电动机不启动可能是因为电动机出现故障或控制电路出现故障，其他两个电动机的排除思路相同，在故障排除中主要从这两个方面入手。主轴电动机不启动故障分析与处理如表5-1-1所示，控制电路测量电路如图5-1-2所示，控制电路测量数据汇总如表5-1-2所示。

表 5-1-1　主轴电动机不启动故障分析与处理

序号	故障原因	判断方法	处理方法
1	电动机烧坏	1. 用万用表测量绕组电阻值； 2. 相间及相线与外壳绝缘	维修或更换电动机
2	交流接触器线圈烧坏或触点烧坏	用万用表测量触点及线圈电阻值	根据检查结果更换相应部件或者更换交流接触器
3	按钮 SB_1、SB_2 触点接触不良	用万用表测量熔体及各元件阻值	查找原因并更换熔体
4	热继电器动作或触点接触不良	用万用表测量触点	检查热继电器动作原因，排除故障，触点接触不良更换热继电器

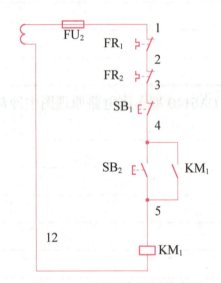

图 5-1-2　控制电路测量电路

表 5-1-2　控制电路测量数据汇总

故障原因	工具	测量点	测量值	是否正常	原因	处理方法
电动机烧坏	万用表	U 相绕组	Ω			
	万用表	V 相绕组	Ω			
	万用表	W 相绕组	Ω			
	兆欧表	U、V 绕组间	MΩ			
	兆欧表	V、W 绕组间	MΩ			
	兆欧表	U、W 绕组间	MΩ			
	兆欧表	U 相绕组对地	MΩ			
	兆欧表	V 相绕组对地	MΩ			
	兆欧表	W 相绕组对地	MΩ			

续表

故障原因	工具	测量点	测量值	是否正常	原因	处理方法
交流接触器线圈烧坏或触点烧坏	万用表	线圈电阻	Ω			
	用万用表测量各相主触点阻值或拆开检查	U 相	Ω			
		V 相	Ω			
		W 相	Ω			
	万用表	测量线圈电压	V			
	钳表	U 相	A			
	钳表	V 相	A			
	钳表	W 相	A			
控制电路检查判断用万用表测量线号间电阻值	取下 FU_2 熔体	1、12 间	Ω			
		1、2 间	Ω			
		1、3 间	Ω			
		1、4 间	Ω			
		1、5 间	Ω			
		5、12 间	Ω			
		按下 SB_2，1、12 间	Ω			
		按下 KM_1，1、12 间	Ω			
		按下 FR_1，1、4 间	Ω			
		按下 FR_2，1、4 间	Ω			
		按下 SB_1，1、4 间	Ω			

2. 工作照明灯不亮

工作照明灯不亮的原因：一是灯坏；二是供电断路。其常见故障分析与处理如表5-1-3所示。

表 5-1-3　工作照明灯不亮常见故障分析与处理

序号	故障原因	判断方法	处理方法
1	照明灯坏	用万用表测量电阻值	更换灯泡
2	SA_2 接触不良	用万用表测量电阻值	更换开关
3	熔断器烧坏	用万用表测量电阻值	更换熔体

3. 整机无电

整机无电故障的原因主要应考虑电路的公用部分，其故障分析与处理如表5-1-4所示。

表 5-1-4 整机无电故障分析与处理

序号	故障原因	判断方法	处理方法
1	外接电源无电	用万用表测量供电电压	检查外线
2	熔断器烧断	用万用表测量电阻值	更换熔体
3	转换开关损坏	用万用表测量各触点电阻值	更换转换开关

4. 自检表

电路安装完成后进行静态检测，将数据填入表 5-1-5 中。

表 5-1-5 电路自检

电路测量	测量点	动作	阻值	是否正常	核对人
主电路	UV 相间	无			
		KM_1 交流接触器动作			
	UW 相间	无			
		KM_1 交流接触器动作			
	VW 相间	无			
		KM_1 交流接触器动作			
主电路	UV 相间	无			
		KM_2、KM_3 交流接触器动作			
	UW 相间	无			
		KM_2、KM_3 交流接触器动作			
	VW 相间	无			
		KM_2、KM_3 交流接触器动作			
控制电路	UV 相间	无			
		SB_1（KM_1）动作			
		SB_1、SB_2（SB_3）同时动作			
		SB_1、KM_2 同时动作			
		SB_2（KM_2）动作			
		SB_1、KM_1 同时动作			

经检测，电路可以通电试车，批准人：_____。

三、任务评价

请根据任务实施情况进行自检和小组互检，并填写表 5-1-6。

表 5-1-6　CA6140 型车床电气控制线路的分析与故障检修任务评价

评价项目	评价内容	自检得分	互检得分
职业素养 （5 分）	1. 严格遵守操作规程 2. 任务完成后，分类清理处置工具、材料、废料，整理工位 3. 操作不当造成器件损坏，发生短路、跳闸		
工作准备 （7 分）	1. 正确选用仪表工具 2. 正确选用元器件 3. 正确配线		
电器检测 （10 分）	电器检测方法正确，每错一处扣 2 分		
安装元件 （8 分）	安装整齐、合理、牢固、无损坏，每出现一处错误、不牢固和人为器件损坏扣 2 分		
布线工艺 （40 分）	1. 按图接线施工 2. 配线颜色和线径选择正确，集中归边、贴面走线，配线横平竖直、无交叉，每出现一处交叉扣 2 分 3. 规范使用号码管，且标注一致清晰，每错一处扣 2 分 4. 接线端连接规范、可靠、牢固，无绝缘损伤和露铜（大于 2 mm），每裸露一处扣 2 分 5. 所有多股软导线使用冷压端子压接 6. 接地完整可靠		
静态检测与通电试车 （20 分）	1. 正确完成检测，及时排除施工错误 2. 热继电器整定合格，熔体选择正确 3. 一次通电试车成功，每失败一次扣 5 分		
故障排除 （10 分）	准确排除设置的故障，每遗漏一处扣 2 分		

四、思考与拓展

1. 根据任务完成情况进行总结分析，并完成表 5-1-7

表 5-1-7　收获与总结

项目	具体内容
通过此任务我学习了哪些知识？	
通过此任务我收获了哪些技能？	
在此任务学习中我存在的问题有哪些？	
在今后的学习中我还有哪些需要改进的地方？	

2. 思考题

（1）CA6140 型车床的主轴电动机因过载而自动停车后，操作者立即按启动按钮，但电动机不能启动，试分析可能的原因。

_____
_____
_____
_____
_____
_____

（2）试分析在 CA6140 型车床中，若主轴电动机 M_1 只能点动，则可能的故障原因有哪些？在此情况下，冷却泵电动机能否正常工作？

_____
_____
_____
_____
_____
_____
_____

3. 拓展阅读

五轴联动加工中心

五轴联动加工中心也称五轴加工中心，是一种科技含量高、精度高的加工中心，专门用于加工复杂曲面的设备，广泛应用于汽车钣金模具、塑料成型模具、精密机械零件加工及航空航天工业，对一个国家的航空、航天、军事、科研、精密器械、高精医疗设备等行业有着举足轻重的影响力。五轴联动加工中心系统是解决叶轮、叶片、船用螺旋桨、重型发电机转子、汽轮机转子、大型柴油机曲轴等加工问题的唯一手段。立式五轴联动加工中心采用工作台回转轴式结构，设置在床身上的工作台可以环绕 X 轴回转，定义为 A 轴，A 轴工作范围是 $-42°\sim120°$。回转台环绕 Z 轴回转，定义为 C 轴，C 轴都是 360°回转。通过 A 轴与 C 轴的组合，固定在工作台上的工件除了底面之外，其余 5 个面都可以由立式主轴进行加工。机床配备 HNC-848 总线式高档数控铣床、加工中心用 CNC，使 A 轴和 C 轴与 XYZ 三直线轴实现联动，可加工出复杂的空间曲面。五轴联动加工中心工作台底座结构提供良好的工作台排屑系统，配备高精度旋转工作台，可提供优异的五轴加工能力。图 5-1-3 所示为五轴联动加工中心及加工的工件。

(a)

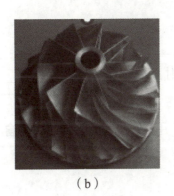

(b)

(c)

图 5-1-3 五轴联动加工中心及加工的工件

(a) 五轴联动加工中心；(b)，(c) 加工的工件

任务 2　M7130 型平面磨床电气控制线路的分析与故障检修

任务工作页

班级：_____　　　姓名：_____

一、任务准备

（一）回顾知识，完成以下问题

（1）车床的车削运动包括_____、_____。

（2）机床电气控制电路通常包括_____、_____和_____等电路。

（3）CA6140 型车床主要由_____、_____、_____、_____、刀架、丝杠、光杠、尾座等组成。

（4）CA6140 型车床的主运动是工件的_____，进给运动是刀具的_____，辅助运动是_____。

（5）CA6140 型车床的过载保护采用_____，短路保护采用_____，失压保护采用_____。

（二）课前学习，并完成下面内容

（1）磨床的机械结构由_____、_____、_____、_____、_____等部分组成。

（2）磨床的主轴电动机只要求_____旋转，采用直接启动，不需要_____和_____。

（3）工作台的往复运动（纵向进给）采用_____传动。

（4）磨床的工作台上安装_____，用以吸附工件。它要有_____和_____控制环节。

（5）M7130 型平面磨床的控制电路中使用了两个变压器，输出电压分别是_____、_____。

（6）简要说明磨床的几种运动。

_____
_____
_____
_____

二、任务实施

（一）M7130 型平面磨床电路的阅读分析

M7130 型平面磨床电路原理图如图 5-2-1 所示。

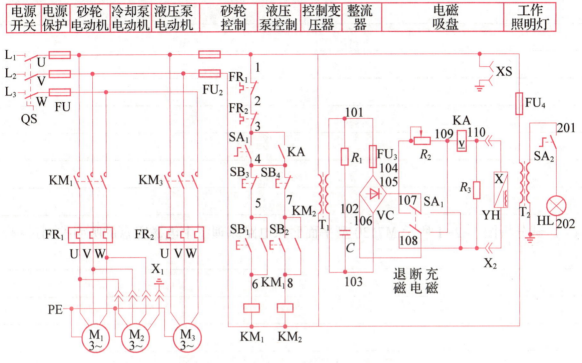

图 5-2-1　M7130 型平面磨床电路原理图

（1）试分析图 5-2-1 所示 M7130 型平面磨床电路原理图中采用的保护措施。

_____

_____

_____

_____

_____

（2）请简述图 5-2-1 所示 M7130 型平面磨床电路原理图中砂轮电动机及冷却泵电动机的控制过程。

_____

_____

_____

(3) 请简述图 5-2-1 所示 M7130 型平面磨床电路原理图中液压泵电动机的控制过程。

(4) 试分析图 5-2-1 所示 M7130 型平面磨床电路原理图中电磁吸盘的吸引控制过程。

(二) M7130 型平面磨床故障分析与处理

磨床加工需要长时间连续运转，出现故障比较多，下面介绍几种常见电气故障和故障的处理办法。

1. 电磁吸盘无吸力

电磁吸盘无吸力为控制电路断路导致，需重点检查电磁吸盘回路，具体故障分析与处理如表 5-2-1 所示。

表 5-2-1 电磁吸盘无吸力故障分析与处理

序号	故障原因	判断方法	处理方法
1	YH 线圈断路	用万用表测量电阻值	更换线圈
2	KA 线圈断路	用万用表测量电阻值	更换继电器
3	熔断器烧坏	用万用表测量熔体及各元件阻值	查找原因并更换熔体
4	整流桥烧坏	用万用表测量电阻值	更换整流桥
5	转换开关损坏	用万用表测量各触点电阻值	更换转换开关

2. 3台电动机均不能启动

3台电动机均不能启动不可能是对应控制电路出问题,应该是共用电路部分出问题,具体故障分析与处理如表5-2-2所示。

表5-2-2　3台电动机均不能启动故障分析与处理

序号	故障原因	判断方法	处理方法
1	转换开关触点烧坏	用万用表测量电阻值	更换转换开关
2	熔断器FU、FU_2烧坏	用万用表测量电阻值	更换熔断器并检查原因
3	热继电器常闭触点损坏	用万用表测量电阻值	更换热继电器
4	欠电流继电器KA的常开触点接触不良	用万用表测量电阻值	更换欠电流继电器
5	转换开关SA_1的触点(3—4)接触不良、接线松脱或有油垢	用万用表测量各触点电阻值	更换转换开关

3. 砂轮电动机的热继电器FR_1经常动作

这种故障的原因:一是电动机过载;二是电动机或热继电器故障。其故障分析与处理如表5-2-3所示。

表5-2-3　砂轮电动机的热继电器FR_1经常动作故障分析与处理

序号	故障原因	判断方法	处理方法
1	M_1轴承磨损后发生堵转现象,使电流增大,导致热继电器动作	检查轴承,空载试听声音	更换轴承
2	砂轮进刀量太大,电动机超负荷运行	减少进刀量检验	选择合适的进刀量,防止电动机超载运行
3	热继电器规格选得太小或整定电流过小	用钳表测量电流值	更换或重新整定热继电器
4	电动机绕组匝间短路	用钳表测量电流值	更换绕组或电动机

4. 自检表

电路安装完成后进行静态检测,将数据填入表5-2-4中。

表 5-2-4 电路自检

电路测量	测量点	动作	阻值	是否正常	核对人
主电路	UV 相间	无			
		KM₁ 交流接触器动作			
	UW 相间	无			
		KM₁ 交流接触器动作			
	VW 相间	无			
		KM₁ 交流接触器动作			
主电路	UV 相间	无			
		KM₂、KM₃ 交流接触器动作			
	UW 相间	无			
		KM₂、KM₃ 交流接触器动作			
	VW 相间	无			
		KM₂、KM₃ 交流接触器动作			
控制电路	UV 相间	无			
		SB₁（KM₁）动作			
		SB₁、SB₂（SB₃）同时动作			
		SB₁、KM₂ 同时动作			
		SB₂（KM₂）动作			
		SB₁、KM₁ 同时动作			

经检测，电路可以通电试车，批准人：_____。

三、任务评价

请根据任务实施情况进行自检和小组互检，并填写表 5-2-5。

表 5-2-5 M7130 型平面磨床电气控制线路的分析与故障检修任务评价

评价项目	评价内容	自检得分	互检得分
职业素养 （5 分）	1. 严格遵守操作规程 2. 任务完成后，分类清理处置工具、材料、废料，整理工位 3. 操作不当造成器件损坏，发生短路、跳闸		
工作准备 （7 分）	1. 正确选用仪表工具 2. 正确选用元器件 3. 正确配线		

续表

评价项目	评价内容	自检得分	互检得分
电器检测（10分）	电器检测方法正确，每错一处扣2分		
安装元件（8分）	安装整齐、合理、牢固、无损坏，每出现一处错误、不牢固和人为器件损坏扣2分		
布线工艺（40分）	1. 按图接线施工		
	2. 配线颜色和线径选择正确，集中归边、贴面走线，配线横平竖直、无交叉，每出现一处交叉扣2分		
	3. 规范使用号码管，且标注一致清晰，每错一处扣2分		
	4. 接线端连接规范、可靠、牢固，无绝缘损伤和露铜（大于2 mm），每裸露一处扣2分		
	5. 所有多股软导线使用冷压端子压接		
	6. 接地完整可靠		
静态检测与通电试车（20分）	1. 正确完成检测，及时排除施工错误		
	2. 热继电器整定合格，熔体选择正确		
	3. 一次通电试车成功，每失败一次扣5分		
故障排除（10分）	准确排除设置的故障，每遗漏一处扣2分		

四、思考与拓展

1. 根据任务完成情况进行总结分析，并完成表5-2-6

表5-2-6 收获与总结

项目	具体内容
通过此任务我学习了哪些知识？	
通过此任务我收获了哪些技能？	
在此任务学习中我存在的问题有哪些？	
在今后的学习中我还有哪些需要改进的地方？	

2. 思考题

（1）为什么对去磁要求严格的工件，要采用交流去磁器进行去磁？简单说明去磁器工作过程。

_____

_____

_____

_____

（2）采用欠电流继电器的原理是什么？

_____

_____

_____

_____

3. 拓展阅读

3D 打印

3D 打印是快速成型技术的一种。与车床加工方式不同，3D 打印是一种以数字模型文件为基础，运用粉末状金属或塑料等可黏合材料，通过逐层打印的方式来构造物体的技术，这种加工方式称为增材制造。

3D 打印时要先通过计算机建模软件根据需要建立模型，再将建成的三维模型"分区"成逐层的截面，即切片，从而用于指导打印机逐层打印。打印机通过读取文件中的切片信息，用粉末状金属或塑料等原材料将这些截面逐层地打印出来，打印的同时将各层截面粘合起来从而制造出一个实体。打印的切片很薄，精度很高，几乎可以造出任何形状的物品。传统的加工技术是将原材料根据需要进行切削而得到零件，属于减材制造，而 3D 打印是通过层层叠加而得到零件，属于增材制造，这是属于两种不同的加工方式。

3D 打印利用数字技术材料打印机来实现，在工业设计、建筑、汽车、航空航天、医疗产业、教育、地理信息系统、土木工程等领域都有所应用。例如，空间在轨 3D 打印机可以帮助宇航员在失重环境下自制所需的零件，大幅提高空间站实验的灵活性，减少空间站备品备件的种类与数量以及运营成本，降低空间站对地面补给的依赖性。目前，3D 打印在医学领域得到了广泛的应用，如 3D 打印肝脏模型、3D 打印头盖骨、3D 打印脊椎植入人体、3D 打印牙齿等。图 5-2-2 所示为 3D 打印机。

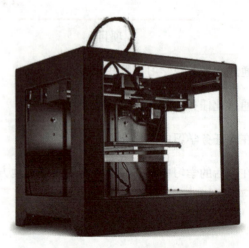

图 5-2-2　3D 打印机